DIANGONG DIANZI SHIYAN ZHIDAO

电工电子实验指导

主　编　高艳萍
副主编　庞洪帅
参　编　谷　军

中国电力出版社
CHINA ELECTRIC POWER PRESS

内容提要

本书依据工科非电类专业关于电工学课程的教学大纲编写，以电工学课程涉及的验证性实验和应用性实验为主要内容，注重对实施项目预习及完成情况的考核，指导学生在电工电子的知识、能力和素质三方面协调发展，以适应社会发展对人才的基本需求。

全书共分四章，包括计量与误差、电工技术实验、电子技术实验、实验仪器设备使用说明，最后的附录部分给出了实验考核表。

本书可作为高等院校非电类专业电工学课程的配套实验指导书，也可供工程技术人员参考。

图书在版编目（CIP）数据

电工电子实验指导 / 高艳萍主编. —北京：中国电力出版社，2011.7（2019.8 重印）
ISBN 978-7-5123-1751-2

Ⅰ. ①电… Ⅱ. ①高… Ⅲ. ①电工技术-实验-高等学校-教学参考资料②电子技术-实验-高等学校-教学参考资料 Ⅳ. ①TM-33②TN-33

中国版本图书馆 CIP 数据核字（2011）第 101880 号

中国电力出版社出版发行
北京市东城区北京站西街 19 号 100005 http://www.cepp.sgcc.com.cn
责任编辑：杨淑玲 责任印制：邹树群 责任校对：朱丽芳
三河市百盛印装有限公司印刷·各地新华书店经售
2011 年 7 月第 1 版·2019 年 8 月第 6 次印刷
787mm×1092mm 1/16·9.25 印张·218 千字
定价：19.80 元

前　言

电工学是高等学校工科非电类专业的一门技术基础课，内容包括电工技术和电子技术。随着电工电子技术的快速发展，该课程教学内容已广泛渗透到各个学科领域，成为各学科之间相互交融的基础。电工电子实验是电工学课程的重要教学环节，通过实验可以帮助学生巩固和加深对电工学理论知识的掌握和理解，培养他们分析问题和解决问题的能力。本书依据工科非电类专业关于电工学课程的教学大纲编写，以电工学课程涉及的验证性实验和应用性实验为主要内容，注重对实验项目预习及完成情况的考核，指导学生在电工电子的知识、能力和素质三方面协调发展，以适应社会发展对人才的基本需求。

本书共四章，高艳萍负责编写第一章和第三章实验3－1、3－4、3－5、3－6、3－7、3－9及第四章4－1～4－7，谷军负责编写第二章实验2－1～2－5，庞洪帅负责编写第二章实验2－6～2－8和第三章实验3－2、3－3、3－8、3－10及第四章4－8。高艳萍和庞洪帅负责全书统稿（书中加“＊”的内容为选做内容）。

由于编者的水平和经验有限，书中难免有纰漏和欠妥之处，请各位专家、读者不吝赐教。

编　者

目　录

第一章 计量与误差

一、计量

计量学不仅研究计量单位及其基准以及标准的建立、保存和使用，测量方法、计量器具、测量的准确度以及计量法制和管理，还研究物理常数、标准物质及材料特性的准确测定等。计量科学技术水平标志着一个国家科学技术发展的水平，计量工作对产品的质量管理是至关重要的。

测量是用已知的标准单位量与同类物质进行比较获得该物质数量的过程，这时认为被测量的真实数值是客观存在的，其误差是由测量仪器和测量方法所引起的。而计量则认为使用的仪器是标准的，误差是由受检仪器引起的，它的任务是确定测量结果的可靠性，计量将测量技术和测量理论进一步完善和发展，对测量起着推动作用。随着测量技术的发展，也会不断出现各种新的计量仪器，从而推动着计量学的发展。

1. 计量器具

计量器具是指能以直接或间接方法确定被测对象量值的量具、计量仪器（仪表）和计量装置。按技术特性及用途，计量器具可分为计量基准器具、计量标准器具和普通计量器具。

计量基准器具简称为计量基准，计量基准通常分为主基准、副基准和工作基准。计量标准器具简称计量标准，计量标准一般不能自行定义，必须直接或间接地接受计量基准的量值传递。普通计量器具亦称工作计量器具，是日常工作以及现场测量中所使用的计量器具。它虽然不是计量标准，但也具有一定水平的计量性能。

2. 计量单位

计量单位是有明确定义和名称并令其数值为1的一个固定的量，例如1m、1s等。

单位制是经过国际或国家计量部门以法律形式规定的。国际单位制（代号SI）包括了整个自然科学的各种物理量的单位，经1960年第11届国际计量大会（CGPM）通过，并经1971年第14届CGPM修订，共有7个基本单位（表1－1）和19个国际单位制中具有专门名称的导出单位（表1－2）。

表1－1　国际单位制的基本单位（SI基本单位）

量的名称	单位名称	单位符号
长度	米	m
质量	千克（公斤）	kg
时间	秒	s
电流	安［培］	A

续表

量的名称	单位名称	单位符号
热力学温度	开［尔文］	K
物质的量	摩［尔］	mol
发光强度	坎［德拉］	cd

表 1－2　国际单位制的辅助单位

量的名称	单位名称	单位符号	其他表示示例
频率	赫［兹］	Hz	s^{-1}
力；重力	牛［顿］	N	$kg \cdot m/s^2$
压力；压强；应力	帕［斯卡］	Pa	N/m^2
能量；功；热	焦［耳］	J	$N \cdot m$
功率；辐射通量	瓦［特］	W	J/s
电荷量	库［仑］	C	$A \cdot s$
电位；电压；电动势	伏［特］	V	W/A
电容	法［拉］	F	C/V
电阻	欧［姆］	Ω	V/A
电导	西［门子］	S	A/V
磁通量	韦［伯］	Wb	$V \cdot s$
磁通量密度、磁感应强度	特［斯拉］	T	Wb/m^2
电感	亨［利］	H	Wb/A
摄氏温度	摄氏度	℃	
光通量	流［明］	lm	$cd \cdot sr$
光照度	勒［克斯］	lx	lm/m^2
放射性活度	贝克［勒尔］	Bq	s^{-1}
吸收剂量	戈［瑞］	Gy	J/kg
剂量当量	希［沃特］	Sv	J/kg

我国的法定计量单位（以下简称法定单位）常用的有以下三种。

（1）国际单位制的基本单位（SI 基本单位），见表 1－1。

（2）国际单位制的辅助单位，见表 1－2。

（3）由词头和以上单位所构成的十进制倍数和分数单位，词头见表 1－3。

表 1－3　由词头和以上单位所构成的十进制倍数和分数单位

所表示的因数	词头名称	词头符号	所表示的因数	词头名称	词头符号
10^{18}	艾［可萨］	E	10^{-1}	分	d
10^{15}	拍［它］	P	10^{-2}	厘	c
10^{12}	太［拉］	T	10^{-3}	毫	m
10^{9}	吉［咖］	G	10^{-6}	微	μ
10^{6}	兆	M	10^{-9}	纳［诺］	n
10^{3}	千	k	10^{-12}	皮［可］	p
10^{2}	百	H	10^{-15}	飞［母托］	f
10^{1}	十	da	10^{-18}	啊［托］	a

二、误差

测量误差是计量的一个重要内容。由于测量工具不准确、测量手段不完善、环境的变化或测量时的疏忽，都会使测量结果与被测量的实际值不同，这个差异称为测量误差。随着科学技术的发展，对于测量精确度的要求越来越高，当测量误差超过一定限度时，由测量工作和测量结果所做的结论或发现将是没有意义的，甚至会给工作带来危害，因此对测量误差的控制就成为衡量测量水平的一个重要的方面。可见，正确认识与处理测量误差是十分重要的。

测量误差按表示方法来分，有绝对误差和相对误差，当用于表示测量仪器时还有“引用误差”。

1. 绝对误差

（1）绝对误差的定义。绝对误差 Δx 是测得值 x 与理论值 x_0 之差，即

$$\Delta x = x - x_0$$

（2）修正值（校正值）。与绝对误差的绝对值大小相等，但符号相反的量值称为修正值（用 C 表示），即

$$C = -\Delta x = x_0 - x$$

通过检定（校准）由上一级标准（或基准）以表格、曲线或公式的形式给出受检仪器的修正值。在测量时，利用测得值与已知的修正值相加，可算出被测量的实际值。在测量中修正值本身也有误差，修正后的数据只是更接近实际值。对于自动化程度较高的测量仪器，可以将修正值编成程序储存在仪器中，在测量时仪器自动进行修正。规定绝对误差和修正值的量纲与测得值是一致的。

2. 相对误差

（1）相对误差的定义。相对误差 δ_x 是测得值的绝对误差 Δx 与其真值 x 之比（用百分数表示），即

$$\delta_x = \frac{\Delta x}{x_0} \times 100\% = \frac{x - x_0}{x_0} \times 100\%$$

一般情况下可用绝对误差与实际值 x_0 之比来表示相对误差。用相对误差可以恰当地表征测量的准确程度，相对误差是一个只有大小，而没有量纲的数值，在误差较小、要求不太严格的场合，也可以用测量值代替实际值。这时的相对误差称为示值相对误差，即

$$\delta_x = \frac{\Delta x}{x_0} \times 100\%$$

（2）分贝误差。用对数形式表示的误差称为分贝误差。它是相对误差的另一种表现形式，用 δ_{dB} 来表示。如果输出量与输入量（如电压）测得值之比为 $\frac{I_o}{I_i}$，则增益的分贝值为

$$D_{\mathrm{I}} = 20\lg \frac{I_o}{I_i}\mathrm{dB}$$

分贝误差也有正负之分。测得值的相对误差越小，表示它的准确度越高，所以评价测量水平时，应使用相对误差来比较，它是误差计算中最常用的一种表达形式。

第二章　电工技术实验

实验 2-1　直流网络定理的验证

一、实验目的

（1）掌握直流稳压源的正确使用方法。

（2）学习用万用表测量电阻、电流和电压的方法。

（3）掌握实验电路的连接方法，正确理解电压和电流的参考方向。

（4）学习有源线性二端网络开路电压、短路电流和等效内阻的测量方法。

（5）验证基尔霍夫定律、叠加原理、戴维宁定理和诺顿定理的正确性。

二、实验预习

（1）掌握基尔霍夫定律、叠加原理、戴维宁定理和诺顿定理的内容。

（2）阅读万用表和直流稳压电源的使用说明（见第四章）。

（3）计算图 2-1 所示电路中的电流 I_1、I_2、I_3，拆掉电阻 R_3 如图 2-4 所示，计算 A、B 两节点间的开路电压 U_{OC}、等效电阻 R_0 和短路电流 I_{SC}。

（4）阅读实验指导书，了解实验目的、实验原理和实验任务。

（5）填写实验 2-1 考核表（见附录）中的预习思考。

三、实验仪器与元器件

（1）SG1731SL3A 型直流稳压电源 1 台。

（2）VC9803A+型数字万用表 1 块。

（3）交流、直流电路实验箱 1 台。

四、实验原理

在分析与计算电路时，对电压或电流任意假定的方向为电压或电流的参考方向，当实际方向与参考方向一致时，电流（或电压）的值为正；当实际方向与参考方向相反时，电流（或电压）值为负，如图 2-1 所示，该电路可以用直流网络定理加以分析。

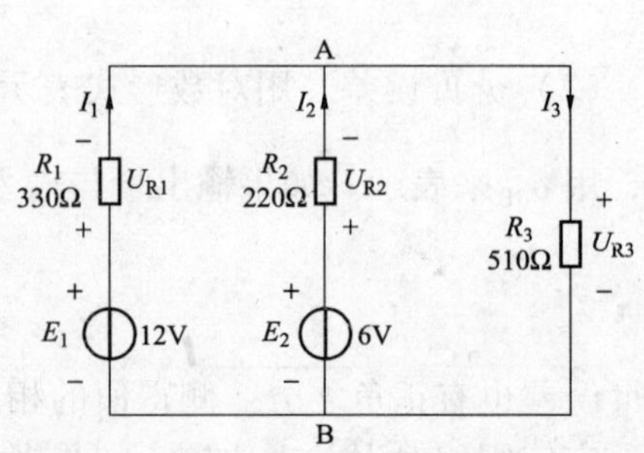

图 2-1　有源线性直流网络电路

1. 基尔霍夫定律（KCL 定律和 KVL 定律）

（1）KCL 定律：在任一瞬间，流入任一节点的电流等于流出该节点的电流。

$$\sum I_{\mathrm{i}} = \sum I_{\mathrm{o}}$$

（2）KVL 定律：在任一瞬间，沿任一回路循行方向，回路中各段电压的代数和恒等零。

$$\sum U = 0$$

根据基尔霍夫节点电流定律，对节点 A，则有

$$I_1 + I_2 = I_3$$

根据基尔霍夫回路电压定律：对 $R_2 \to R_3 \to E_2$ 所在的回路沿顺时针方向有

$$-E_2 + I_2R_2 + I_3R_3 = 0$$

2. 叠加原理

线性电路中任何一条支路的电流或电压，都可以看成是由电路中各个电源（电压源或电流源）分别单独作用时，在此支路中所产生的电流或电压的代数和。

图 2－1 电路中，R_1 所在支路电流 I_1，E_1 单独作用时为 I'_1；E_2 单独作用时为 I''_1，R_2 所在支路电流 I_2，在 E_1 单独作用时为 I'_2；E_2 单独作用时为 I''_2，R_3 所在支路电流 I_3，在 E_1 单独作用时为 I'_3；E_2 单独作用时为 I''_3，等效电路如图 2－2 和图 2－3 所示。

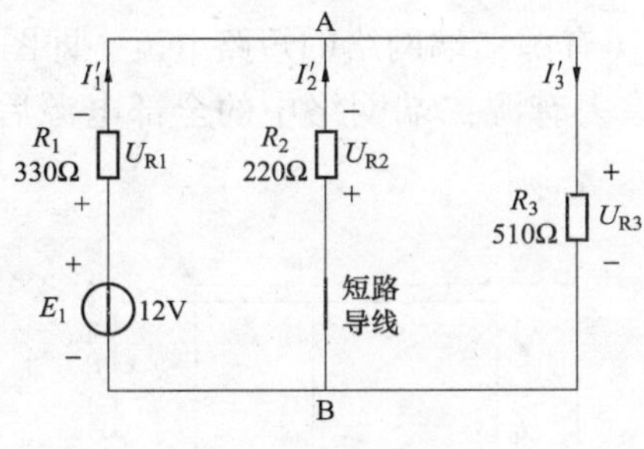

图 2－2　E_1 单独作用

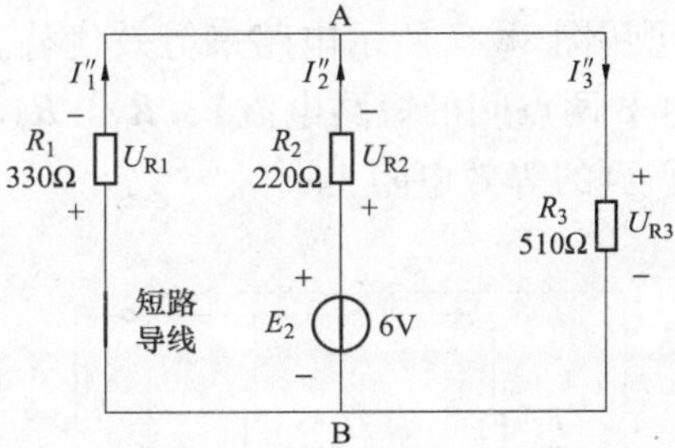

图 2－3　E_2 单独作用

根据叠加原理有

$$I_1 = I'_1 + I''_1$$

$$I_2 = I'_2 + I''_2$$

$$I_3 = I'_3 + I''_3$$

3. 等效电源定理

（1）戴维宁定理（等效电压源定理）。任何一个有源二端线性网络都可以用一个电动势为 E 的理想电压源和内阻 R_0 串联的电压源等效代替。等效电源的电动势 E 是有源二端网络的开路电压 U_{OC}，即将负载断开后 A、B 两端之间的电压；等效电源的内阻 R_0 等于有源二端网络中所有电源均除去（将理想电压源用短路替代，将理想电流源用开路替代）后所得到的无源二端网络 A、B 两端之间的等效电阻。

图 2－1 所示的电路中，设 R_3 所在的支路为外电路，对应的有源二端网络如图 2－4 所示，该有源二端网络对 R_3 支路可用图 2－5 所示的电路来等效代替。其中 $E = U_{\mathrm{OC}}$（有源二端网络的开路电压，即图 2－4 中 A、B 两点间的开路电压），$R_0 = R_{\mathrm{AB}} = R_1 // R_2$（有源二端网络的等效电阻，即将图 2－4 中 E_1、E_2 除掉后 A、B 间的等效电阻）。

（2）诺顿定理（等效电流源定理）。任何一个有源二端线性网络都可以用一个电流为 I_{S} 的理想电流源和内阻 R_0 并联的电流源来等效代替。等效电源的电流 I_{S} 就是有源二端网络的

短路电流，即将 A 、B 两端短接后该支路的电流；等效电源的内阻 R_0 等于有源二端网络中除源（理想电压源短路，理想电流源开路）后所得无源二端网络 A、B 两端之间的等效电阻。

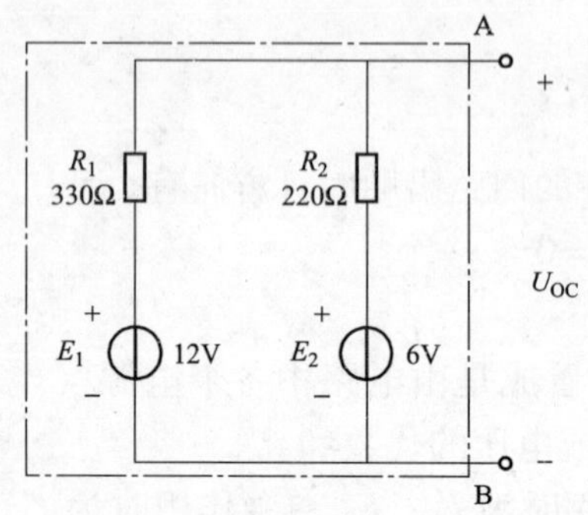

图 2－4　测量开路电压有源二端网络

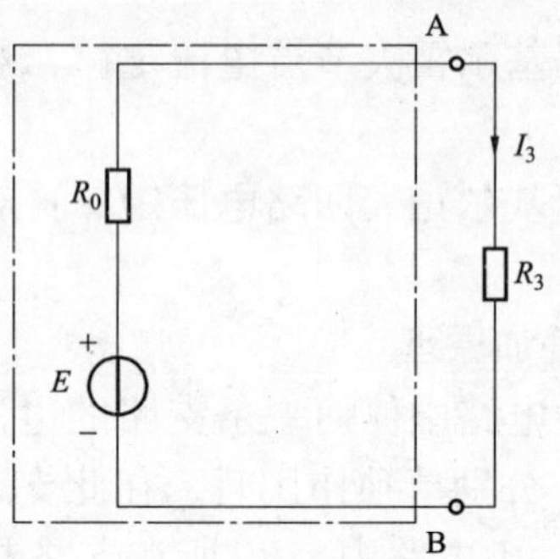

图 2－5　等效电压源电路

图 2－1 电路中，除去 R_3 支路后的有源二端网络如图 2－6 所示，该有源二端网络对 R_3 支路可用图 2－7 所示电路来等效代替。其中 $I_S = I_{SC}$（有源二端网络的短路电流，即图 2－1 中 A、B 两点间的短路电流），$R_0 = R_{AB} = R_1 // R_2$（除去有源二端网络中的全部电源后从端口处得到的等效电阻）。

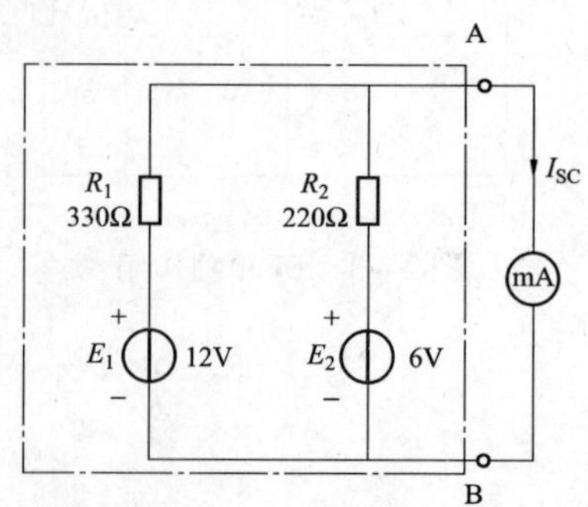

图 2－6　测量短路电流有源二端口网络

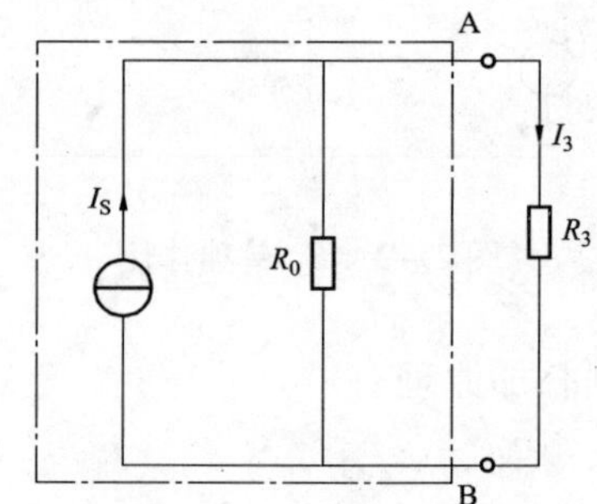

图 2－7　等效电流源电路

五、实验任务

1. 验证基尔霍夫定律

按图 2－1 所示电路接线（为防止电源短路，换接线路时，将直流稳压电源关掉）调整直流稳压电源，令输出分别为 6V 和 12V，用万用表分别测出各元件上的电压和各支路中的电流（测量电流时，务必将万用表串接在电路中，严禁与电源并联，以免烧坏仪表），将测量结果记入考核表中。测量时注意随时转换万用表的测试挡，调换红表笔插孔以图 2－1 中电压和电流的参考方向为准，确定电压和电流的正、负号。

2. 验证叠加原理

在完成任务 1 的基础上（E_1 和 E_2 共同作用时各支路的电流已测量，可直接填入考核表中），分别按图 2－2 和图 2－3 所示的电路接线，测量 E_1、E_2 单独作用时各支路的电流，将测量结果填于实验2－1的考核表中。

3. 验证等效电压源定理（戴维宁定理）

在完成任务1的基础上（电流 I_3 已测量，可直接填入考核表），将电路图2－1中电阻 R_3 拆掉，测量图2－4所示有源二端网络A、B间的开路电压 U_{OC} 和等效内阻 R_0 的值（除掉电源 E_1 和 E_2），将测得数据记入考核表中，与理论值相比较计算误差。

4. 验证等效电流源定理（诺顿定理）

将图2－1中 R_3 支路去掉，测有源二端网络A、B间的短路电流 I_{SC}（图2－6）和等效电阻 R_0，将测量结果填于考核表中，与理论值相比较计算误差。

六、实验报告

（1）叙述直流网络定理验证实验的实验目的、实验原理和实验任务。

（2）整理考核表中的实验数据，填写实验总结。

（3）装订实验报告并上交指导教师。

实验2－2 串联谐振

一、实验目的

（1）学习函数信号发生器和双踪示波器的使用方法。

（2）观测RLC串联交流电路的谐振波形，了解串联谐振的特点。

（3）绘制RLC串联谐振电路的频率特性曲线。

（4）了解电路品质因数 Q 值的物理意义以及对频率特性曲线的影响。

二、实验预习

（1）预习RLC串联交流电路的有关内容和串联谐振的特点。

（2）阅读交流毫伏表、双踪示波器和函数信号发生器说明书，了解它们的工作原理。

（3）阅读实验指导书，了解实验目的、实验原理和实验任务。

（4）填写实验2－2考核表（见附录）中的预习思考。

三、实验仪器与元器件

（1）SG4320A型双踪示波器1台。

（2）SG1651A型函数信号发生器1台。

（3）SG2172型交流毫伏表1块。

（4）交直流电路实验箱1台。

四、实验原理

谐振是正弦电路在特定条件下产生的一种特殊物理现象，谐振现象在无线电和电工技术领域均得到广泛的应用。如图2－8所示为RLC串联交流电路，电压和电流的参考方向已知的情况下电路中端电压和电流间的相位差与电路元件参数和电源的频率有关，在特定条件下

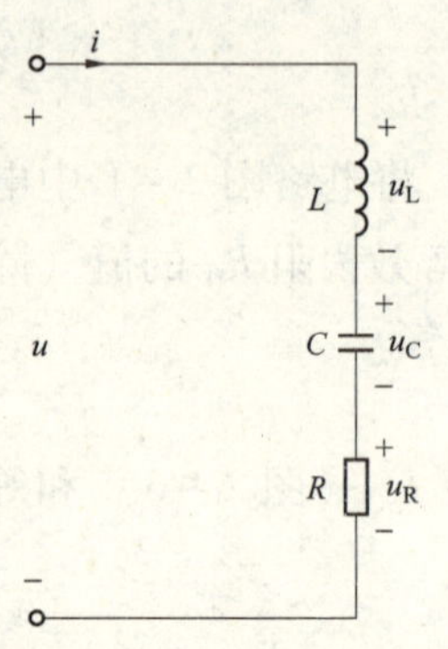

图 2 -8　RLC 串联交流电路

会出现端电压与电流同相位，此时电路就产生了谐振，因为发生在串联电路中，所以称为串联谐振。

1. 产生串联谐振的条件

在图 2 -8 所示的 RLC 串联电路中，其复数阻抗为

$$Z = R + j(X_L - X_C) = R + j\left(\omega L - \frac{1}{\omega C}\right)$$

由上式可知，电路的阻抗是频率的函数。

当 $X_L = X_C$ 或 $\omega L = \frac{1}{\omega C}$，$\varphi = \arctan\frac{X_L - X_C}{R} = 0$（电源电压 u 与电流 i 的相位相同）时电路发生谐振现象，即 $X_L = X_C$ 或 $\omega L = \frac{1}{\omega C}$为谐振条件。如果改变 RLC 串联电路的电源频率 f(使 $f = f_0$)或改变电路参数 L、C，都可以使电路发生谐振。根据谐振条件可以推导出谐振频率为

$$f_0 = \frac{1}{2\pi\sqrt{LC}}$$

由于 f_0 为交流信号源的频率，故也可称为电路的固有频率。

2. 串联谐振的特点

（1）串联谐振时，$|Z| = R$，为最小值，电路呈电阻性，且 u、i 同相位。

（2）电流在谐振时达到最大 $I = I_0 = \frac{U}{R}$。

（3）电源电压 $U = U_R$。有时 $U_L = U_C$ 远大于 U，所以串联谐振又称为电压谐振，用品质因数 Q 表示 U_L、U_C 与 U 之间的关系，计算公式为

$$Q = \frac{U_L}{U} = \frac{U_C}{U} = \frac{2\pi f_0 L}{R} = \frac{1}{2\pi f_0 CR}$$

式中，U_L 和 U_C 分别是电路谐振时电感和电容的两端电压。

电流随频率变化的特性曲线如图 2 -9 所示，曲线的尖锐程度与电路的品质因数有着密切的关系。Q 值越大，谐振曲线越陡。电路对非谐振频率的信号具有较强的抑制能力，所以选择性好。因此，Q 是反映谐振电路性质的一个重要指标。

五、实验任务

1. RLC 串联电路谐振状态的测量

（1）RLC 串联电路的测量。在实验箱中选择电阻 $R = 220\Omega$、电容 $C = 0.25\mu F$ 和电感 $L = 8.3mH$，按图 2 -9 连接电路。调节函数信号发生器的输出频率为 3500Hz，输出波形选择正弦波，输出电压 $U = 2V$（由一只毫伏表监测信号端接“+”，地端接“−”），函数信号发生器的输出接于 RLC 串联交流电路的输入端（信号端接“+”，地端接“−”），将双踪示波器的 CH1 通道接 RLC 串联交流电路的输入端，CH2 通道接电阻两端（信号端接“+”，地端接“−”），

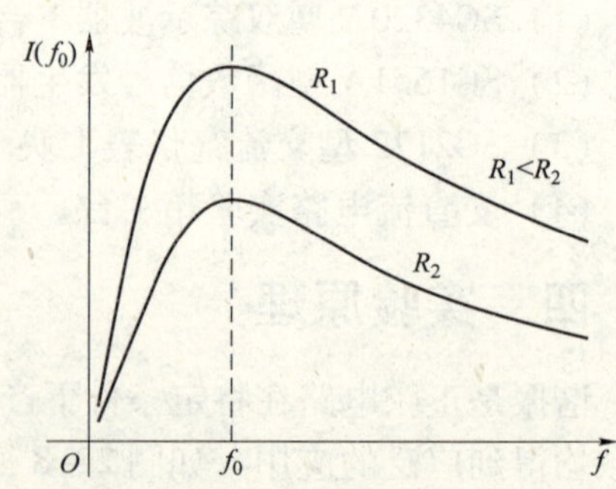

图 2 -9　电流随频率变化的曲线

同时观测输入电压 u 和电阻两端电压 u_R 的波形，各仪器与被测电路的布局如图 2-10 所示。以 3500Hz 为中心慢慢向左或向右旋转频率调节旋钮，注意观察两个电压波形的相位关系的变化。

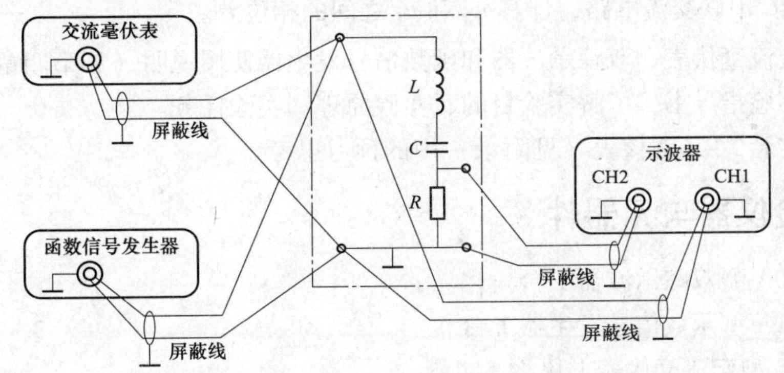

图 2-10 RLC 串联电路的测量

(2) RLC 串联交流电路的谐振点的测量。调节低频信号发生器的输出频率为预习中计算的谐振频率，输出电压 $U=2\text{V}$（由一只毫伏表监测）保持不变，用双踪示波器同时观察 u 和 u_R 的波形，逐渐调节频率，直到 u 和 u_R 的波形完全同步，即 u 与 i 同相，此时的频率即为谐振频率 f_0，记入考核表中。

(3) RLC 串联谐振时各元件电压的测量。保持电路谐振不变，用毫伏表依次测量 R、L、C 三个元件电压，将测量值记入考核表中。

2. RLC 串联交流电路的电流频率特性曲线的测量

(1) 将 220Ω 电阻两端并联 10Ω 电阻，保持输入电压 $U=2\text{V}$ 不变（如果变化应立即调回 2V），以谐振频率 f_0 为中心向上每增加 200Hz 测一次 U_R，再以谐振频率 f_0 为中心向下各减少 200Hz 测一次 U_R，上、下各测 6 个点，将测量结果记入考核表中，计算每点对应的电流 I，画出电流频率特性曲线。

(2) 将 RLC 串联交流电路中并联的 10Ω 电阻拆掉，将 220Ω 改接为 51Ω 电阻重复步骤 (1)，记录数据画出电流频率特性曲线，比较两条特性曲线。

六、实验报告

(1) 叙述串联谐振实验的实验目的、实验原理和实验任务。

(2) 整理考核表中实验数据，填写实验总结。

(3) 装订实验报告并上交指导教师。

实验 2-3 电阻、电容移相电路

一、实验目的

(1) 进一步学习函数信号发生器、交流毫伏表和双踪示波器的使用方法。

(2) 观测 RC 移相电路中移相角与电源频率 f、电阻 R 之间的关系。

(3) 了解阻容移相电路的意义和应用。

二、实验预习

(1) 预习 *RC* 串联交流电路，计算 u_o 和 u_i 之间的相位差。

(2) 阅读交流毫伏表、双踪示波器和函数信号发生器使用说明（见第四章）。

(3) 阅读实验指导书，了解实验目的、实验原理和实验任务。

(4) 填写实验 2-3 考核表（见附录）中的预习思考。

三、实验仪器与元器件

(1) SG4320A 型双踪示波器 1 台。

(2) SG1651A 型函数信号发生器 1 台。

(3) SG2172 型交流毫伏表 1 块。

(4) 交直流电路实验箱 1 个。

四、实验原理

图 2-11 所示的 RC 串联交流电路中，若输入电压 u_i 为正弦交流电压，则电路中各处的电压、电流都是同频率的正弦交流电，可用相量表示，其电压方程为

$$\dot{U}_i = \dot{U}_o + \dot{U}_C$$

从相量图 2-12 中可以看出输出电压 u_o 的相位越前输入电压 u_i 一个 φ 角。φ 的大小可用下式计算

$$\varphi = \arctan \frac{-X_C}{R}$$

如果 $\dot{U}_i$ 的大小不变，那么 φ 将随着电源频率 f、电路的电阻 R 或电容 C 的改变而改变，且 $\dot{U}_o$ 点的轨道始终在上半圆上，如图 2-12 所示。

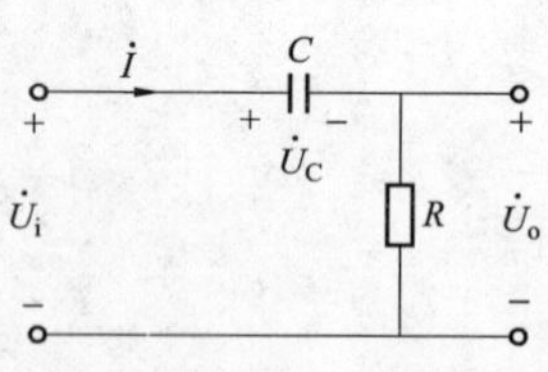

图 2-11 阻容移相电路

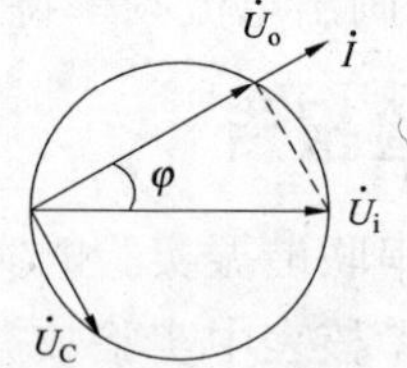

图 2-12 电阻输出阻容移相电路相量图

同理对图 2-13 所示的电路，以 u_C 作为输出电压 u_o 时，则输出电压 u_o 滞后于输入电压 u_i 一个 φ 角，且 $\dot{U}_o$ 点的轨道始终在下半圆上，其相量图如图 2-14 所示。

通过上面分析可知，不论以电阻 R 端电压还是电容 C 端电压作输出电压 u_o，输出电压与输入电压的相位差都随着频率 f_0、电阻 R 或电容 C 的变化而变化，这种作用效果称为阻容移相。

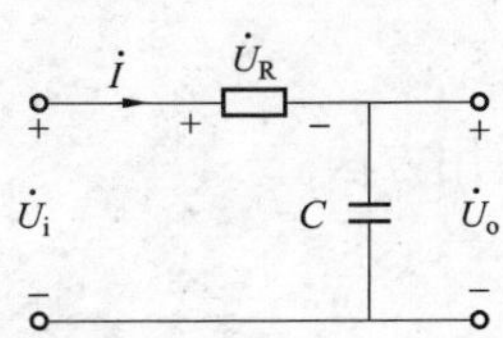
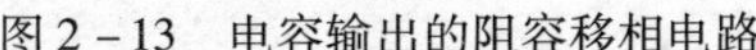

图 2-13 电容输出的阻容移相电路

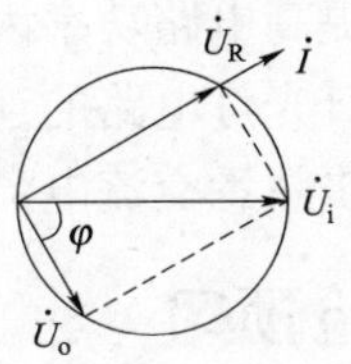

图 2-14 电容输出阻容移相电路相量图

阻容移相环节，在电子技术领域具有广泛的应用，例如阻容耦合电路、移相电路、积分电路、微分电路和滤波电路等。电路的输入电压 u_i 可由函数信号发生器产生，电路的输入、输出电压的波形及其移相角 φ 可通过双踪示波器观测，各部分电压有效值用交流毫伏表测量。

五、实验任务

1. 电阻元件作输出端的阻容移相电路

按图 2-11 连接电路，令 $C=0.25\ \mu F$，$R=51\Omega$。调节低频信号发生器，令频率 $f=1kHz$，电压 $U_i=2V$，保持 f、U_i 和 $C=0.25\mu F$ 不变，改变电阻 R，令电阻分别为 $R=51\Omega$、$R=220\Omega$、$R=330\Omega$、$R=510\Omega$、$R=10k\Omega$，用交流毫伏表测量 u_i、u_o 和 u_C 的有效值，将测量的结果记入考核表中，用双踪示波器观测 u_i 和 u_o 的波形，注意移相角随电阻变化的情况。根据表中数据画出输出相量 $\dot{U}_o$ 末端的轨迹图（注意每次改变 R 值之后，必须调节信号发生器使 $U_i=2V$ 保持不变）。

2. 电容元件作输出端的阻容移相电路

在按图 2-13 接线，重复上述步骤，将测量的结果记入考核表中。

3. 移相角 φ 随频率变化的阻容移相电路

按图 2-11 接线，令 $U_i=2V$、$R=510\Omega$、$C=0.25\mu F$ 不变，改变频率 f，令频率分别为 $f=1kHz$、$f=2kHz$、$f=3kHz$、$f=4kHz$、$f=5kHz$，用交流毫伏表测量 u_i、u_o 和 u_C 的有效值，将测量结果记入考核表中，用双踪示波器观测 u_i 和 u_o 的波形，并观察移相角随频率变化的情况（注意每次改变频率后，要重新调节信号发生器的输出电压，使之保持 $U_i=2V$ 不变）。画出输出相量 $\dot{U}_o$ 末端的轨迹。

六、实验报告

（1）叙述电阻、电容移相电路实验的实验目的、实验原理和实验任务。

（2）整理考核表中的实验数据，填写实验总结。

（3）装订实验报告并上交指导教师。

实验 2-4 日光灯电路及功率因数的提高

一、实验目的

（1）研究正弦稳态交流电路中电压、电流相量之间的关系。

（2）理解提高电路功率因素的意义并掌握其方法。

（3）学习日光灯电路的连接，并了解组成元件的作用。

（4）进一步熟悉交流电流表、交流电压表和功率表的使用方法。

二、实验预习

（1）复习 *RL* 串联交流电路的理论知识。

（2）复习提高电感性负载功率因数的方法。

（3）阅读实验指导书，了解实验目的、实验原理和实验任务。

（4）填写实验 2－4 考核表（见附录）中的预习思考。

三、实验仪器与元器件（见表 2－1）

表 2－1　　DGX－I 型电工电子实验台

序号	名　称	数　量	面　板
1	交流电流表	3	DG32
2	交流电压表	3	D33
3	功率表	1	D34－4
4	自耦调压器	1	DG01
5	镇流器	1	DG09
6	启辉器	1	DG09
7	电容器	3	DG09
8	日光灯管	1	DG01

四、实验原理

1. 日光灯电路的组成和工作原理

（1）日光灯电路的组成。日光灯电路由灯管、镇流器和启辉器三部分组成，其电路如图 2－15 所示。日光灯管是一根玻璃管，在管内壁均匀涂有一层荧光粉，管内充有少量水银蒸气和惰性气体（氩气或氪气），两端装有受热易于发射电子的钨丝作为电极交替地起着阳极和阴极的作用。启辉器 S′是一个小型的辉光管，管内充有惰性气体，并装有两个电极，一个是固定电极，另一个是 U 形可动电极，两个电极上都焊有触头。U 形可动电极由线膨胀系数不同的两个金属片叠成，内层金属的线膨胀系数较大，外层金属的线膨胀系数较小。镇流器 L 实际上是一个绕在硅钢片上的电感线圈，相当于感性负载。

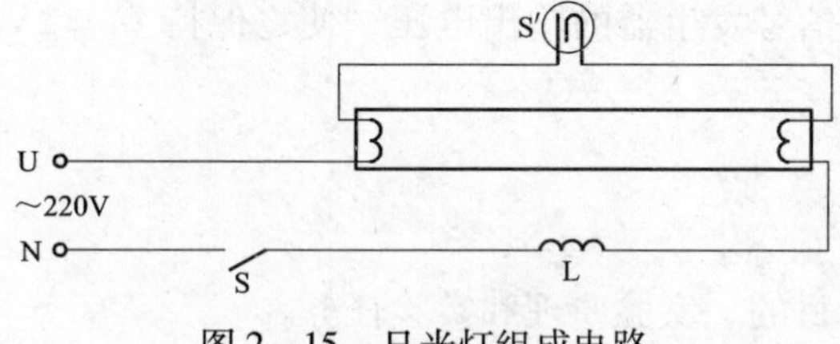

图 2－15　日光灯组成电路

（2）日光灯电路的工作原理。当日光灯接入电路以后，启辉器两个电极间开始辉光放电，使双金属片受热膨胀而与静触极接触，于是电源、镇流器、灯丝和启辉器构成一个闭合回路，电流使灯丝预热，灯丝预热后发射电子，此时，启辉器两端电压下降，双金属片冷却，使之与静触极断开，当两个电极断开的瞬间，电路中的电流突然消失，镇流器线圈因灯丝断电而感应出很高的感应电动势，与电源叠加后，加到灯管两端，使管内气体电离产生弧光放电而发光。灯管点燃后，电流通过镇流器产生电压降，镇流器起限流作用。这时灯管两端电压和启辉器两端电压都低于电源电压，不足以使启辉器放电，所以启辉器触头不会再次闭合，其实验电路如图 2－16 所示。

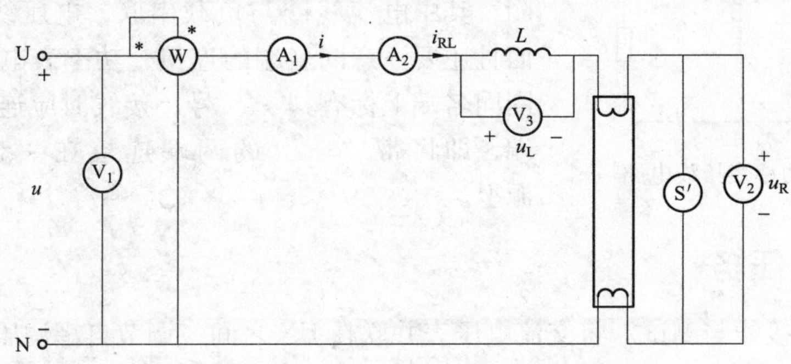

图 2－16 日光灯组成参数测量电路

2. 提高日光灯电路功率因数的方法

由于镇流器的存在，日光灯电路属于感性负载，从而使电源或电网提供的功率因数 $\cos\varphi$ 较低，一般在 0.4～0.5 之间。为了提高感性负载电路的功率因数，可以在感性负载两端并联静电电容器。其电路图和相量图如图 2－17 所示。

并联电容器以后，感性负载的参数和外加电压均没有改变，故感性负载的电流 $\dot{I}_L$ 和功率因数 $\cos\varphi$ 也均未变化。但是电压 $\dot{U}$ 和线路电流 $\dot{I}$ 之间的相位差 φ 变小了，即提高了电源或电网提供的功率因数 $\cos\varphi$。在感性负载上并联电容器以后，减少了电源与负载之间的能量互换。感性负载所需的无功功率，大部分或全部是由电容器供给的，能量的互换主要或完全发生在感性负载和电容器之间，提高了电路的功率因数。日光灯电路功率因数的提高就是通过在感性负载两端并联电容器实现的。其实验电路如图 2－18 所示。

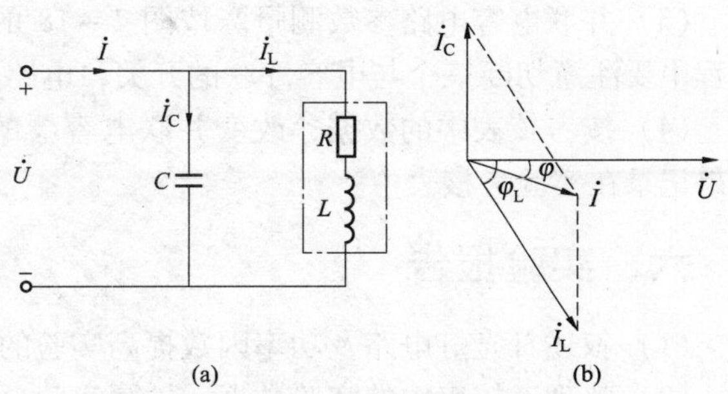

图 2－17 感性负载两端并联电容器电路图和相量图
（a）电路图；（b）相量图

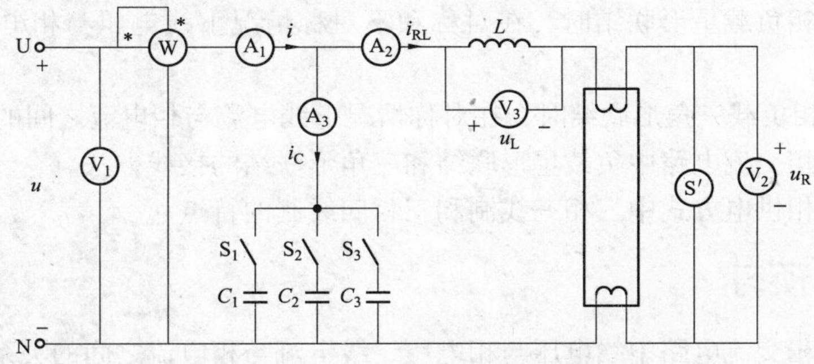

图 2－18 日光灯功率因数提高实验电路

3. 功率和功率因数的测量

本实验功率和功率因数的测量采用 DGX－I 型实验台上的数字显示式功率表和功率因数表，当功率表接入后，功率因数表同时被接入。功率表的接线如图 2－19 所示。功率表中有电流线圈和电压线圈，其中电流线圈与负载串联，电压线圈与电源并联，而且还要注意同名端的连接，功率表电流线圈和电压线圈同名端上标有“＊”号，接线时应连接在电源的同一端，即将带“＊”的两端连接在一起，并连接到电源上。

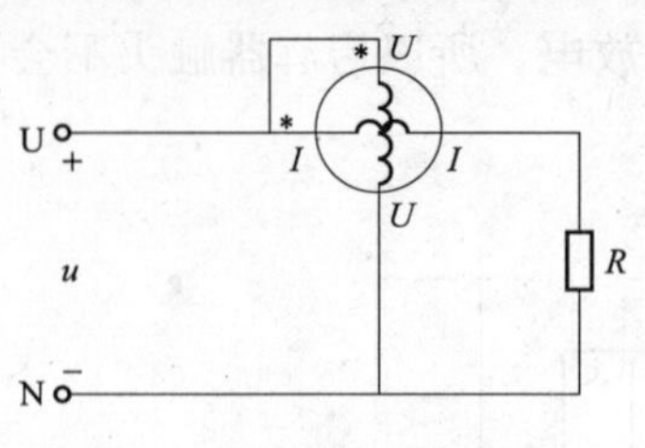

图 2－19　功率表接线电路

五、实验任务

（1）日光灯接线与测试。将交流电压表并联在 UN 之间，调节自耦调压器，使电源输出相电压为 220V，断开电源。按图 2－15 连接日光灯电路，经指导教师检查无误后接通电源，日光灯发光。

（2）未并联电容电路参数测量。按图 2－16 的日光灯组成参数测量电路接线，电路连接好后，接通电源，使日光灯发光，将测量数据记入实验考核表中的未并联电容项。

（3）并联电容电路参数测量。按图 2－18 的日光灯功率因数提高实验电路接线，连接过程中要注意切断三个与电容并联的开关，电路连接好后，接通电源，使日光灯发光。

（4）按考核表中的数据，改变并联电容器的电容值，测量对应的电路参数，并将测量结果记录在实验考核表中。

六、实验报告

（1）叙述日光灯电路及功率因数提高实验的实验目的、实验原理和实验任务。

（2）整理考核表中的实验数据，填写实验总结。

（3）装订实验报告并上交指导教师。

实验 2－5　三相交流电路

一、实验目的

（1）掌握三相负载星形联结时，在对称和不对称情况下线电压与相电压，线电流与相电流之间的关系。

（2）掌握三相负载三角形联结时，在对称情况下线电流与相电流之间的关系。

（3）熟悉三相交流电路中负载星形联结和三角形联结的接线方法。

（4）了解三相供电方式中三相三线制和三相四线制的特点。

二、实验预习

（1）复习三相交流电路中线电压与相电压、线电流与相电流之间的关系。

（2）复习三相交流电路中负载星形联结和三角形联结的相关理论知识。

（3）阅读实验指导书，了解实验目的、实验原理和实验任务。
（4）填写实验2－5考核表（见附录）中的预习思考。

三、实验仪器与元器件（见表2－2）

表2－2　　DGX－I型电工电子实验台

序号	名　　称	数　　量	面　　板
1	自耦调压器	1	DG01
2	交流电流表	3	D32
3	交流电压表	3	D33
4	灯泡负载	9	D08
5	电流插头	1	

四、实验原理

（1）线电压、相电压、线电流与相电流。

线电压：两相线间的电压称为线电压，有效值用 U_{AB}、U_{BC}、U_{CA}或者用 U_L 表示。

相电压：相线与中性线间的电压称为相电压，有效值用 U_A、U_B、U_C 或者用 U_P 表示。

线电流：每根相线中的电流称为线电流，有效值用 I_L 表示。

相电流：每相负载中的电流称为相电流，有效值用 I_P 表示。

（2）三相负载的星形（Y）联结。三相负载可接成星形（又称“Y”）联结或三角形（又称“△”）联结。当三相对称负载作星形联结时，线电压 U_L 是相电压 U_P 的$\sqrt{3}$倍，线电流 I_L 等于相电流 I_P，即 $U_L=\sqrt{3}U_P$，$I_L=I_P$，负载的星形（Y）联结实验电路如图2－20所示。

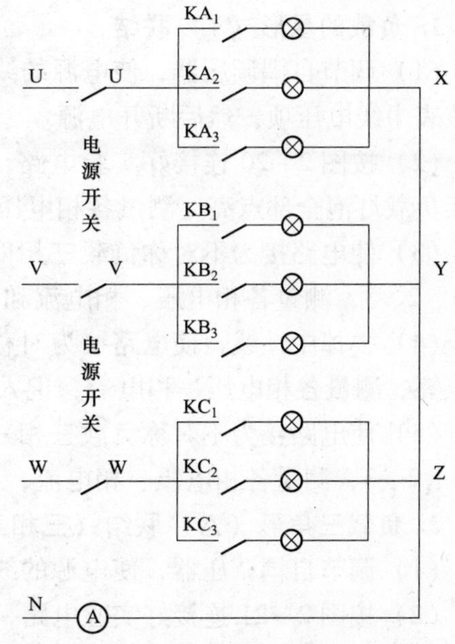

图2－20　三相负载的星形（Y）联结

目前我国低压配电大多数为380V三相四线制系统，由于多了一条中性线，可以保证在负载不对称时，三相不对称负载的每相电压维持不变，使各相负载的相电压是对称的，我国单相负载的额定电压通常为220V。对于不对称的负载作星形联结，如果无中性线，则各相负载电压不对称，会导致各相负载不能正常工作，甚至将负载烧毁。中性线的作用就在于使各相负载的相电压对称。若三相负载对称，采用三相四线制系统时，流过中性线的电流为0，所以可以省去中性线，直接采用星形联结。

（3）三相负载的三角形（△）联结。当对称三相负载作三角形联结时，线电压 U_L 等于相电压 U_P，线电流 I_L 是相电流 I_P 的$\sqrt{3}$倍，即 $U_L=U_P$，

$I_L=\sqrt{3}I_P$。

对于不对称负载作三角形联结时，$I_L \neq \sqrt{3}I_P$，但是只要电源的线电压 U_L 对称，加在三相负载上的电压仍是对称的，对各相负载工作没有影响。三相对称负载的三角形（△）联结实验电路如图 2－21 所示。

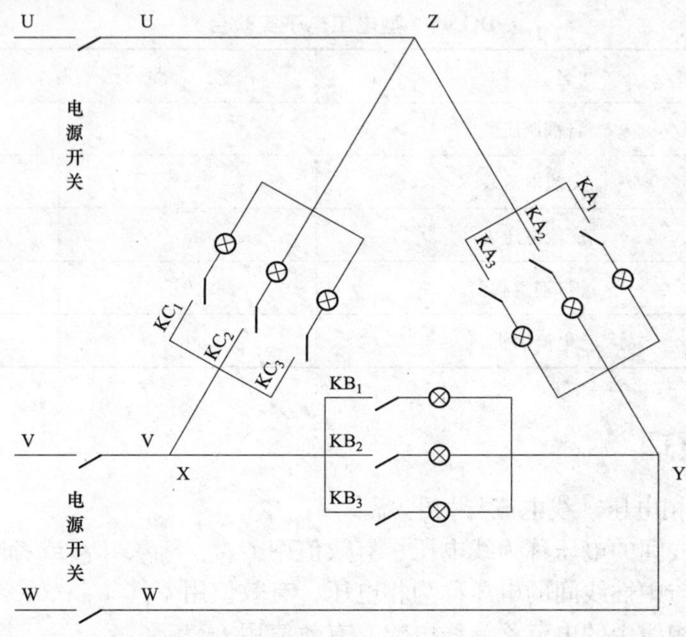

图 2－21　三相负载的三角形（△）联结

五、实验任务

1. 负载的星形（Y）联结

（1）调节自耦调压器，使电源的线电压为 380V，用电压表测量各线电压，将数据记入考核表中线电压项，然后断开电源。

（2）按图 2－20 连接好实验电路，使电路接为对称负载三相四线制的星形联结，即使每相负载灯泡全部点亮，测量各相电压、相电流和中线电流，记入考核表中。

（3）使电路接为不对称负载三相四线制的星形联结，即使三相负载灯泡点亮个数分别为 3、2、3，测量各相电压、相电流和中性线电流，记入考核表中。

（4）去掉中性线，使电路接为对称负载三相三线制的星形联结，即使每相负载灯泡全部点亮，测量各相电压、相电流，记入考核表中。

（5）使电路接为不对称负载三相三线制的星形联结，即使三相负载灯泡点亮个数分别为 1、2、3，测量各相电压、相电流，记入考核表中。

2. 负载三角形（△）联结（三相三线制供电）

（1）调节自耦调压器，使电源的线电压为 220V。

（2）按图 2－21 连接好实验电路，使电路接为对称负载三相三线制的三角形联结。

（3）测量相电流、线电流，将测量结果填于考核表中。

六、实验报告

（1）叙述三相交流电路实验的实验目的、实验原理和实验任务。

（2）整理考核表中的实验数据，填写实验总结。

（3）装订实验报告并上交指导教师。

实验2－6　三相异步电动机的直接起动

一、实验目的

（1）了解交流接触器、热继电器和按钮等几种常用控制电气设备的结构和工作原理，熟悉它们的连接方法。

（2）掌握三相笼型异步电动机的结构及铭牌数据的意义。

（3）理解自锁的概念、意义及实现方法。

（4）通过实验加强对三相异步电动机点动和自锁正转直接起动控制电路的理解。

二、实验预习

（1）了解几种常用低压控制电器的结构、用途、工作原理及电路符号。

（2）了解三相异步电动机铭牌数据的意义。

（3）复习三相异步电动机直接起动的工作原理，掌握点动及自锁的概念。

（4）阅读实验指导书，了解实验目的、实验原理和实验任务。

（5）填写实验2－6考核表（见附录）中的预习思考。

三、实验仪器与元器件（见表2－3）

表2－3　　DGX－I型电工电子实验台

序号	名　称	数　量	面　板
1	自耦调压器	1	DG01
2	三相异步电动机	1	WDJ24
3	交流接触器	1	D61
4	热继电器	1	D61
5	按钮	3	D61

四、实验原理

1. 按钮、交流接触器、热继电器的结构功能和工作原理

（1）按钮。按钮的外形和结构原理如图2－22所示。在未按下按钮时，上面一对静触片被动触片接通而处于闭合状态，称为常闭触点；下面的一对静触片未被动触片接通而处于

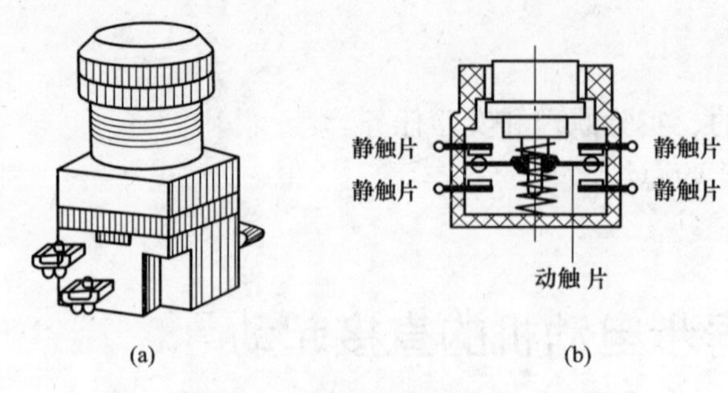

图 2-22　按钮的外形和原理图

（a）外形图；（b）原理图

断开状态，称为常开触点。用手按下按钮时，动触片下移，于是常闭触点先断开，常开触点后闭合，松开按钮时，在复位弹簧的作用下，动触点自动复位，使得常开触点先断开，常闭触点后闭合。

（2）交流接触器。接触器主要由电磁铁和触点两部分组成。它是利用电磁铁的吸引力而动作的。图 2-23 是交流接触器的结构原理图。当吸引线圈通电后，吸引山字型动铁心，而使常开触点闭合。按用途的不同，接触器的触点又分为主触点和辅助触点两种。主触点接触面积大，能通过较大的电流；辅助触点接触面积小，只能通过较小的电流。主触点一般为三副动合触点，串接在电源和电动机之间，用来切换供电给电动机的电路，以起到直接控制电动机起停的作用，这部分电路称为主电路。辅助触点既有常开触点，也有常闭触点，通常接在由按钮和接触器线圈组成的控制电路中，以实现某些功能，这部分电路又称为辅助电路。

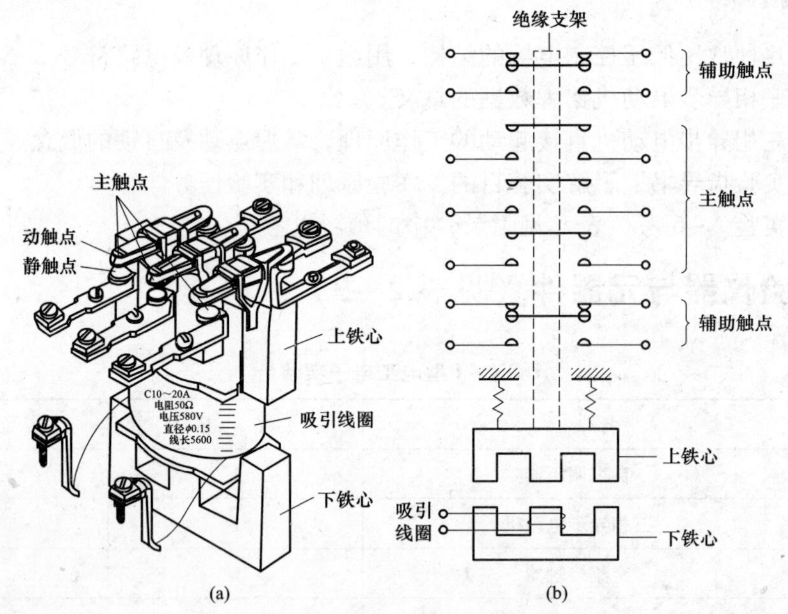

图 2-23　交流接触器结构原理图

（a）结构图；（b）原理图

（3）热继电器。在电动机的控制电路中，不但要求对电动机的起停等进行控制，而且应该有必要的保护措施。电动机不允许长期过载运行，但又要具有一定的短时过载能力。因此，当电动机过载时间不长，温度未超过允许值时，应允许电动机继续运行。但是当电动机的温度一旦超过允许值，应立即将电动机的电源自动切断。这样，既保护电动机不受过热的危害，又可以发挥它的短时过载能力。

热继电器的外形和原理图如图2-24所示。图中三个发热元件（一段电阻值不大的金属丝或金属片）放在三个双金属片的周围。双金属片是由两层膨胀系数相差较大的金属碾压而成。左边一层膨胀系数小，右边一层膨胀系数大。工作时，将发热元件串联在主电路中，通过它们的电流是电动机的线电流。当电动机过载后，电流超过额定电流，发热元件发出较多热量，使双金属片变形而向左弯曲，推动导板，带动杠杆，向右压迫弹簧片变形，使动触点和静触点分开，而与螺钉（静触点）接触。这就是说，动触点和静触点构成了一副动断触点，动触点和螺钉（静触点）构成了一副动合触点。只要将动断触点串联在控制电动机的交流接触器的线圈内，当电动机过载后，动断触点断开，使接触器线圈断电，接触器主触点断开，电动机与电源自动切断而得到保护。

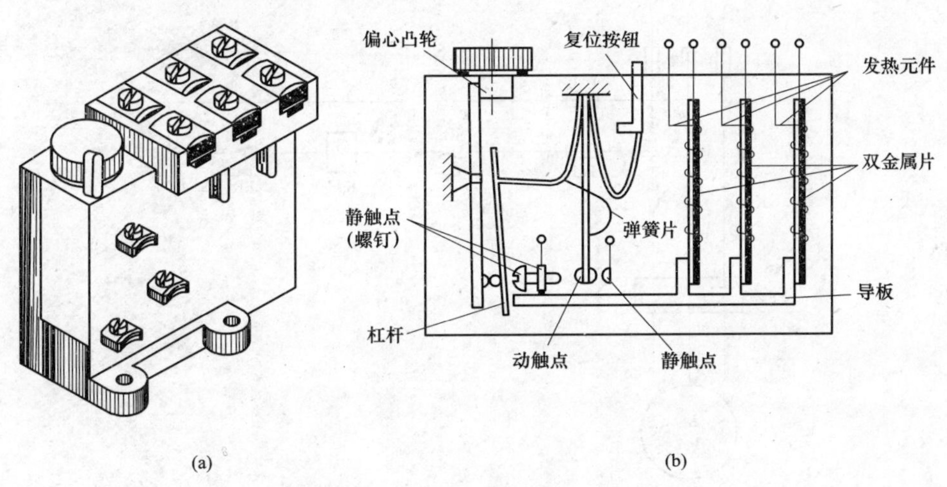

图2-24 热继电器的外形和原理图

（a）外形；（b）原理图

2. 三相异步电动机的起动方式

三相异步电动机的起动方式有直接起动（全压起动）和降压起动（减压起动）两种方式。三相异步电动机直接起动时起动电流较大，一般是额定电流的5~7倍。起动电流较大，会造成线路电压降低，特别是大容量电动机，起动时的大电流可能会对机器和相连的线路、设备造成伤害，而起动引起的线路电压降也影响同一线路其他设备的正常运行。一般来说，由公共变压器供电15kW及以上的三相异步电动机就要进行降压起动。通常三相交流电动机直接起动（全压起动）的条件为

$$\frac{I_{起}}{I_{额}} \leqslant \frac{3}{4} + \frac{S_{电源}}{4P_{额}}$$

式中，$I_{起}$为电动机的起动电流；$I_{额}$为电动机的额定电流；$S_{电源}$为电源容量（kV·A）；$4P_{额}$为4倍电动机额定功率（kW）。

降压起动电流是三相异步电动机额定电流的1/3左右。为了减少起动电流对电动机的冲击（甚至烧毁）和对电网造成的电压不稳定，大容量的电动机往往需要采取降压起动。三相异步电动机降压起动有四种方法：① 串电阻（电抗）减压起动；② 自耦变压器（补偿

器）减压起动；③ 星—三角减压起动；④ 延边三角形减压起动。

3. 三相异步电动机的点动控制

三相异步电动机的点动控制是直接起动方式中最简单的二次控制电路，电气原理图如图2－25所示，它主要用于实现电动机的点动运行控制。其主电路组成为三相电源、交流接触器主触点KM、热继电器FR发热元件及动力设备电动机。控制电路由热继电器FR的常闭触点、起动按钮SB_{st}和接触器线圈KM组成。

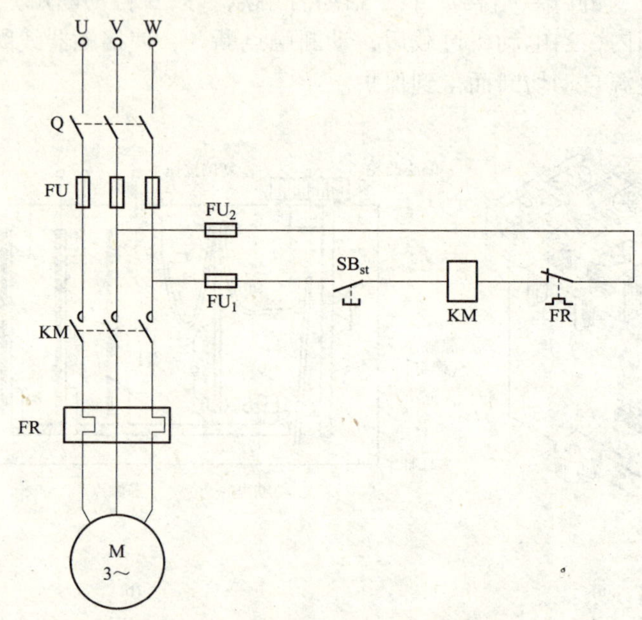

图2－25　三相异步电动机点动控制电路

电动机起动时，按下起动按钮SB_{st}，接触器线圈KM通电，于是接触器的三对主触点KM闭合使电动机起动，松开按钮SB_{st}，则接触器线圈KM断电，KM主触点断开，电动机停止转动。

4. 三相异步电动机的自锁正转控制

三相异步电动机的自锁正转控制电路可以实现电动机的起动和连续正转控制，是容量较小的电动机通常采用的直接起动方式。其电气控制电路图如图2－26所示，主电路与图2－25所示点动控制电路的主电路相同。控制电路由热继电器FR的常闭触点、停止按钮SB_{stp}、起动按钮SB_{st}并联接触器KM的常开辅助触点、接触器KM的线圈串联后接到电源上构成控制电路。

电动机起动时，按下起动按钮SB_{st}，接触器KM线圈通电，接触器的三对常开主触点KM闭合而使电动机起动。与起动按钮并联的接触器常开辅助触点KM也同时闭合，将起动按钮的触点短接，当起动按钮松开后，接触器的线圈仍能通电，从而保证电动机能继续工作。这种利用接触器本身的常开辅助触点使其保持通电的作用称“自锁”作用，该辅助触点也就称为自锁触点。按下停止钮SB_{stp}接触器线圈KM断电，所有的KM触点都断开，电动机停止转动。

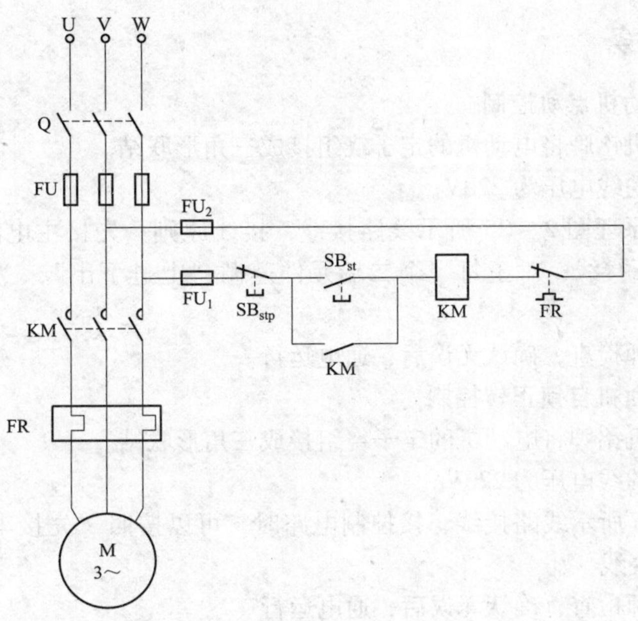

图 2-26 三相异步电动机自锁正转起动控制电路

5. 三相异步电动机既能点动又能连续工作

三相异步电动机既能点动又能连续工作的控制电路如图 2-27 所示，电动机起动时，按下起动按钮 SB_{st}，接触器 KM 线圈通电，接触器的三对常开主触点 KM 闭合使电动机起动。SB_k 是双联复合按钮，用于点动控制。按下 SB_k 时，接触器 KM 线圈通电，主触点 KM 闭合，电动机起动，串联于自锁触点 KM 支路的 SB_k 常闭触点断开，自锁作用失效；松开 SB_k 时，接触器 KM 线圈失电，主触点 KM 断开，电动机停止转动，由此实现点动控制。

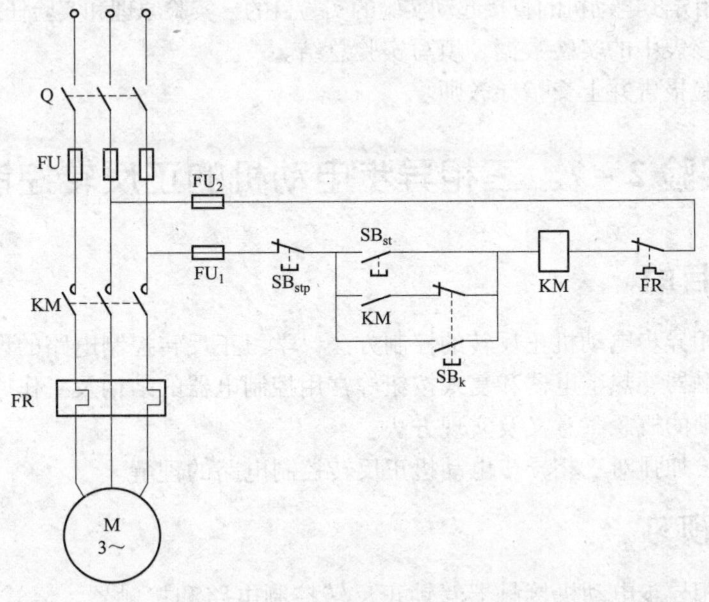

图 2-27 三相异步电动机既能点动又能自锁正转起动控制电路

五、实验任务

1. 三相异步电动机点动控制

（1）根据电动机铭牌将电动机的定子绕组接成三角形联结。

（2）调节电源的线电压为220V。

（3）根据电气原理图2－25所示线路接线，接线原则：先接主电路，再接控制电路；按照原理图从上至下接线；对于每一个二端元件遵循“上进下出”，“左进右出”的原则接线。

（4）经指导教师检查，确认无误后，通电运行。

2. 三相异步电动机自锁正转控制

（1）根据电动机铭牌将电动机的定子绕组接成三角形联结。

（2）调节电源的线电压为220V。

（3）按图2－26所示线路接线，接控制电路时，可以按照“先接串联电路、后接并联电路”的顺序进行接线。

（4）经指导教师检查，确认无误后，通电运行。

3. 三相异步电动机既能点动又能连续工作

（1）根据电动机铭牌将电动机的定子绕组接成三角形联结。

（2）调节电源的线电压为220V。

（3）按图2－27所示线路接线，接控制电路时，可以按照“先接串联电路、后接并联电路”的顺序进行接线。

（4）经指导教师检查，确认无误后，通电运行。

六、实验报告

（1）叙述三相异步电动机的直接起动实验的实验目的、实验原理和实验任务。

（2）整理考核表中的实验数据，填写实验总结。

（3）装订实验报告并上交指导教师。

实验2－7　三相异步电动机的正反转控制

一、实验目的

（1）掌握三相异步电动机正反转的控制方法，学习正反转控制电路的设计与接线方法。

（2）了解接触器、热继电器和复式按钮等常用控制电器的结构及工作原理。

（3）理解互锁的概念、意义及实现方法。

（4）通过实验加强对三相异步电动机正反转控制电路的理解。

二、实验预习

（1）熟悉三相异步电动机接触器互锁正反转控制电路和接触器、复式按钮互锁正反转控制电路图，了解电动机的正反转起动和停止的控制原理。

（2）掌握自锁及互锁的概念，根据电气原理图说出自锁及互锁控制电路连接方式及控制原理。

（3）阅读实验指导书，了解实验目的、实验原理和实验任务。

（4）填写实验2－7考核表（见附录）中的预习思考。

三、实验仪器与元器件（见表2－4）

表2－4　　DGX－I型电工电子实验台

序号	名　称	数　量	面　板
1	自耦调压器	1	DG01
2	三相异步电动机	1	WDJ24
3	交流接触器	2	D61
4	热继电器	1	D61
5	按钮	3	D61

四、实验原理

1. 三相异步电动机正反转控制

三相异步电动机的转动方向取决于定子绕组产生的旋转磁场的转向，要想改变三相异步电动机的方向，实现正反转控制，只要改变定子旋转磁场的转向即可。因此，只要将定子绕组任意两相的一头对调位置，就可以改变电动机转轴的转向，用两个接触器就可以实现电动机这一要求。

2. 三相异步电动机接触器互锁（电气互锁）正反转控制

三相异步电动机接触器互锁（电气互锁）正反转控制电气原理图如图2－28所示。用

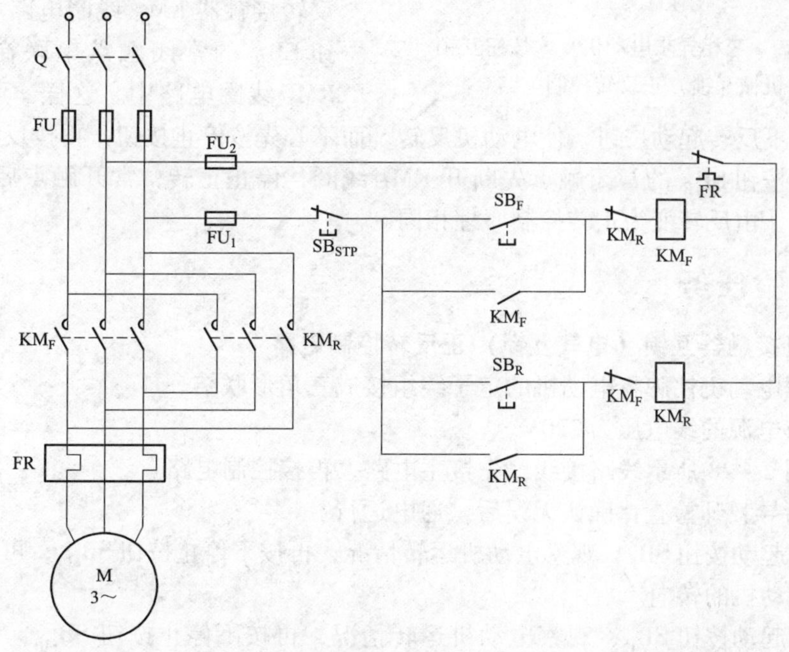

图2－28　三相异步电动机接触器互锁（电气互锁）正反转控制电路

正转接触器 KM_F 和反转接触器 KM_R 两个接触器实现正反转换向控制。正转接触器主触点 KM_F 闭合时，电动机正转；反转接触器主触点 KM_R 闭合时，电动机反转。在电动机工作过程中，正转接触器和反转接触器不能同时工作，否则将导致相间电源短路（两根电源线通过接触器主触点形成回路）。为避免两个接触器同时工作，造成电源相间短路，控制电路需采用接触器互锁（电气互锁）控制环节。

电气互锁即正转接触器的一个常闭触点 KM_F 串联在反转接触器 KM_R 的线圈电路中，把反转接触器的一个常闭触点 KM_R 串联在正转接触器 KM_F 的线圈电路中。这两对触点叫做互锁触点。当按下正转起动按钮 SB_F 时，KM_F 线圈得电动作，断开其常闭触点 KM_F，使反转接触器线圈处于开路状态，此时，即使按下反转起动按钮 SB_R，反转接触器也不能动作，从而有效地防止了电源相间短路的发生。

3. 三相异步电动机按钮互锁（机械互锁）正反转控制

电气互锁控制电路存在一个缺点，即在正转过程中要求反转，必须先按停止按钮 SB_{stp}，让互锁触点 KM_F 闭合后，才能按反转起动按钮使电动机反转，这给操作带来了不便，为了解决这个问题，在生产上常采用复式按钮触点互锁（机械互锁）控制电路，电气原理图如图 2－29 所示。

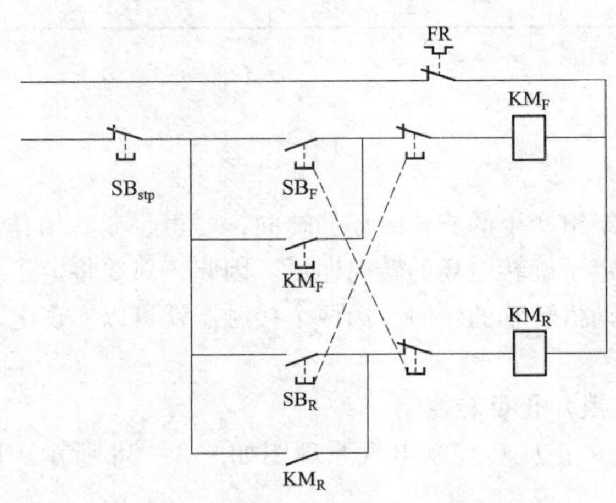

图 2－29　三相异步电动机复式按钮互锁（机械互锁）正反转控制电路

正转和反转起动按钮都采用复合按钮，复合按钮的特点是：不论是按下按钮还是松开按钮，它的触点状态都是先断后合，即闭合的先断开，断开的后闭合。把正转按钮 SB_F 的常闭触点串联在反转接触器 KM_R 线圈电路中，把反转按钮 SB_R 的常闭触点串联在正转接触器 KM_F 线圈电路中。这样，可以在电动机正转时直接按下反转起动按钮，使电动机反转，而不必先按停止按钮，再按反转按钮。控制原理为：反转按钮 SB_R 的常闭触点先断开 KM_F 线圈，停止正转，常开触点后接通 KM_R 线圈，起动反转。由反转变为正转控制原理相同。

五、实验任务

1. 电动机接触器互锁（电气互锁）正反转控制电路

（1）根据电动机铭牌将电动机的定子绕组接成三角形联结。

（2）调节电源的线电压为 220V。

（3）按图 2－28 所示线路接线，先接主电路，再接控制电路。

（4）经指导教师检查，确认无误后，通电运行。

按下正转起动按钮 SB_F，观察电动机运转情况，再按下停止按钮 SB_{stp}，可在电动机即将停转时观察电动机的转向。

按下反转起动按钮 SB_R，观察电动机运转情况，再按下停止按钮 SB_{stp}，可在电动机即将停转时观察电动机是否反转。

2. 电动机复式按钮互锁（机械互锁）正反转控制电路

（1）根据电动机铭牌将电动机的定子绕组接成三角形联结。

（2）调节电源的线电压为220V。

（3）按图2－29所示线路接线，先接主电路，再接控制电路。

（4）经指导教师检查，确认无误后，通电运行。

按下正转起动按钮 SB_F，观察电动机运转情况；再按下反转起动按钮 SB_R，观察电动机是否反转。

六、实验报告

（1）叙述三相异步电动机正反转控制电路实验的实验目的、实验原理和实验任务。

（2）整理考核表中的实验数据，填写实验总结。

（3）装订实验报告并上交指导教师。

实验2－8　三相异步电动机星—三角降压起动

一、实验目的

（1）掌握三相异步电动机星—三角降压起动控制电路的设计与接线方法。

（2）了解接触器、热继电器、时间继电器和复式按钮等常用控制电器的结构及工作原理。

（3）通过实验加强对三相异步电动机控制电路的理解。

二、实验预习

（1）复习三相异步电动机星—三角降压起动控制电路的工作原理。

（2）了解接触器、热继电器、时间继电器和复式按钮等低压控制电路的结构、用途和工作原理。

（3）阅读实验指导书，了解实验目的、实验原理和实验任务。

（4）填写实验2－8考核表（见附录）中的预习思考。

三、实验仪器和元器件（见表2－5）

表2－5　　DGX－I型电工电子实验台

序号	名　称	数　量	面　板
1	自耦调压器	1	DG01
2	三相异步电动机	1	WDJ24
3	交流接触器	3	D61
4	热继电器	1	D61
5	时间继电器	1	D61
6	按钮	3	D61

四、实验原理

1. 星—三角降压起动

星—三角降压起动的接线图如图 2－30 所示。如果电动机在工作时，其定子绕组是连接成三角形的，那么在起动时断开 $KM_{\triangle}$，闭合 KM_{Y}，把它接成星形。等到转速接近额定值时，断开 KM_{Y}，闭合 $KM_{\triangle}$，再换接成三角形联结。这样，在起动时就把定子每相绕组上的电压降到正常工作电压的 $1/\sqrt{3}$。

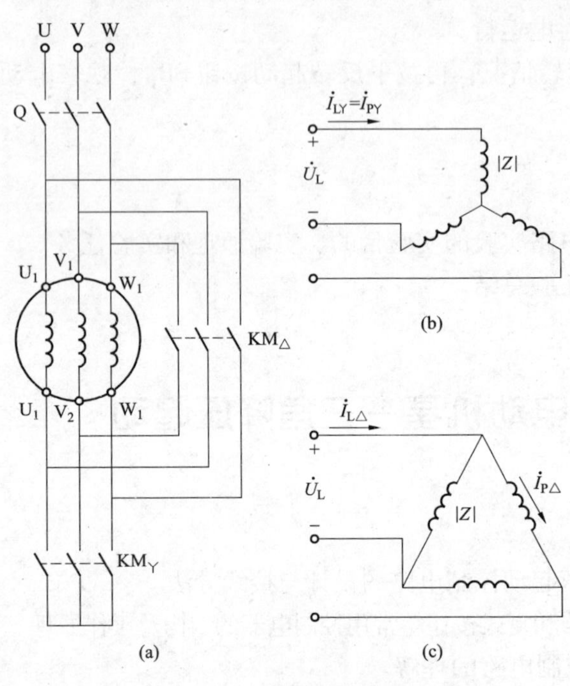

图 2－30　星—三角降压起动原理图

(a) 接线图；(b) 定子绕组星形联结（起动）；(c) 定子绕组三角形联结（正常运行）

图 2－30（b）和（c）是定子绕组的两种联结法，$|Z|$为起动时每相绕组的等效阻抗。当定子绕组为星形联结时，$I_{LY}=I_{PY}=U_L/(\sqrt{3}|Z|)$；当定子绕组为三角形联结时，$I_{L\triangle}=\sqrt{3}I_{P\triangle}=\sqrt{3}U_L/|Z|$，通过上面两式可得 $I_{LY}/I_{L\triangle}=1/3$，即降压起动时的电流为直接起动时的 1/3。

星—三角起动器的体积小，成本低，寿命长，动作可靠。目前 4～100kW 的异步电动机都已设计为 380V 三角形联结，因此，星—三角降压起动器得到了广泛的应用。

2. 星—三角降压起动控制电路图

星—三角降压起动电路如图 2－31 所示。在线路图中 U、V、W 分别接三相电源。KM 是电源接触器，线圈通电时，其主触点将三相电源接到电动机的 U_1、V_1、W_1 接线端子上；KM_{Y}是Y联结接触器，其主触点上端子分别接电动机 U_2、V_2、W_2 接线端子，而下端子用导线短接起来；$KM_{\triangle}$是△联结接触器，其主触点闭合时使电动机定子绕组接成三角形。

本电路中的 KM_{Y}和 $KM_{\triangle}$线圈不允许同时通电，否则它们的主触点同时动作会造成电源短路事故。因此这两个接触器之间具有互锁控制环节。按钮 SB_{stp}和 SB_{st}分别是停止按钮和起动按钮。时间继电器 KT 起时间控制作用。

五、实验任务

（1）根据电动机铭牌将其定子绕组接成三角形。

（2）调节电源的线电压为 220V。

（3）按图 2－31 所示线路接线，先接主电路，再接控制电路。

（4）经指导教师检查，确认无误后，通电运行。

（5）按下起动按钮 SB_{st}，观察电动机按星—三角降压起动的情况。

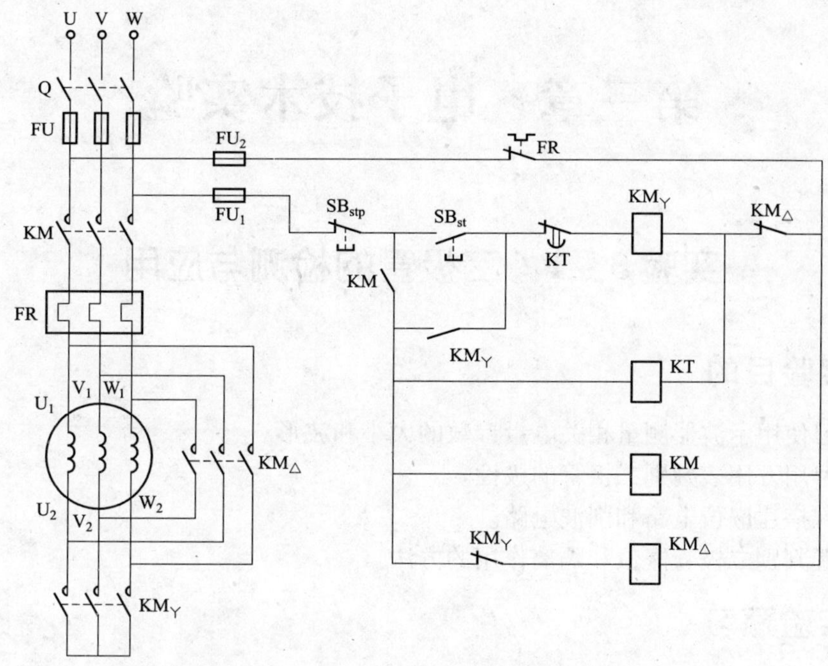

图 2－31　星—三角降压起动控制电路

六、实验报告

（1）叙述三相异步电动机星—三角降压起动实验的实验目的、实验原理和实验任务。

（2）整理考核表中的实验数据，填写实验总结。

（3）装订实验报告并上交指导教师。

第三章 电子技术实验

实验 3-1 二极管的检测与应用

一、实验目的

(1) 学习使用示波器测量相关电量参数的大小和波形。

(2) 学习用万用表判别二极管的极性。

(3) 学习搭建嵌位电路和削波电路。

(4) 掌握判别二极管嵌位和隔离作用的方法。

二、实验预习

(1) 了解二极管的特性、结构与分类。

(2) 复习二极管嵌位电路和削波的工作原理。

(3) 阅读万用表、函数信号发生器和示波器的使用说明（见第四章）。

(4) 阅读实验指导书，了解实验目的、实验原理和实验任务。

(5) 填写实验 3-1 考核表（见附录）中预习思考。

三、实验仪器与元器件

(1) THM-1 型模拟电路实验箱 1 台。

(2) SG4320A 型示波器 1 台。

(3) SG1615A 型函数信号发生器 1 台。

(4) VC9803A+型数字万用表 1 块。

(5) 发光二极管 1 只、普通二极管 2 只、稳压管 2 只。

四、实验原理

1. 半导体基础知识

自然界中导电的物质称为导体，如金、银、铜、铁等一般金属都是导体。不导电的物质称为绝缘体，如橡皮、陶瓷、塑料和石英等。导电特性处于导体和绝缘体之间称为半导体，如锗、硅、砷化镓和一些硫化物、氧化物等，半导体具有杂敏性、热敏性和光敏性。

2. 二极管的特性

(1) PN 结的形成。利用一定的掺杂工艺使一块半导体的一半是 P 型，另一半是 N 型，在交界处形成了 PN 结，如图 3-1 所示。将 PN 结加上相应的电极引线和管壳就是二极管元件。

当二极管两端加正向电压时，PN 结正偏，空间电荷区将会变薄，二极管内部有电流流过，二极管处于导通状态。当二极管两端加反向电压，PN 结反偏，空间电荷区将会变厚，内部几乎没有电流流过，二极管处于截止状态。

（2）二极管的伏安特性。二极管的伏安特性曲线如图 3－2 所示，从图中可得如下结论：

1）二极管正向电压必须达到一定数值后才能导通，此时 PN 结正偏，正偏电阻较小，具有非线性。

2）PN 结反偏时阻值较大，近似断开状态，反向电流接近于零，但是当反偏电压大于一定数值以后，PN 结将会被反向击穿，失去原来特性。

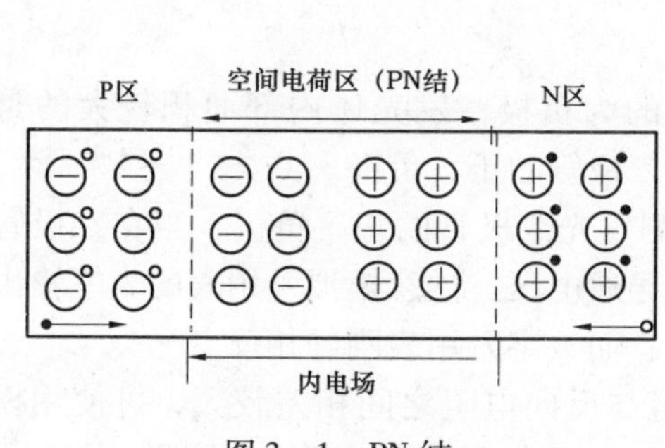

图 3－1　PN 结

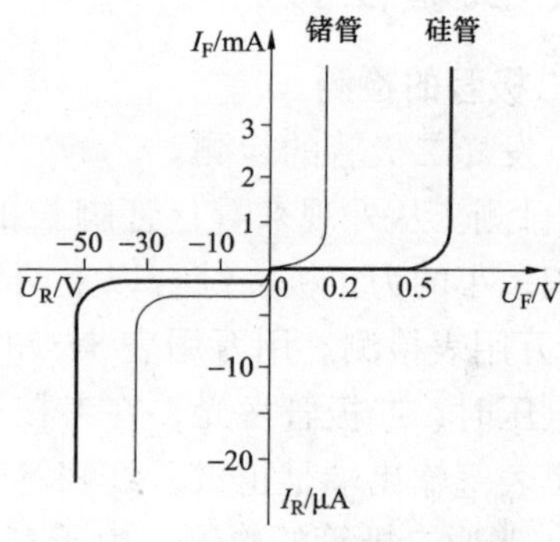

图 3－2　二极管的伏安特性

（3）二极管分类。

1）根据制造二极管的半导体材料分为硅二极管和锗二极管。

硅管和锗管的主要区别有：导通电压不同，硅管是 0.6～0.7V，锗管是 0.2～0.3V；硅管正向电阻较大，一般在几千欧，锗管正向电阻较小，一般在几百欧；硅管的热稳定性较好，锗管的热稳定性较差；硅半导体材料多，现在的半导体一般都是硅管。

2）根据二极管的结构分为点接触型和面接触型二极管。

点接触型二极管通过的电流小，结电容小，适用于高频电路和开关电路。面接触型二极管，结面积大，电流大，结电容大，适用于低频整流电路。

3）根据二极管的工作频率分为低频二极管和高频二极管。

低频管使用频率低，一般小于 3kHz，开关速度慢；高频管使用频率高，一般在几十至几百赫兹之间，开关速度较快。

4）根据二极管的功能分为检波、整流、开关、变容、发光、触发及隧道二极管等。

检波二极管在收音机中起检波作用；整流二极管利用二极管单向导电性，可以把方向交替变化的交流电变换成单一方向的脉动直流电；开关二极管在正向电压作用下电阻很小，处于导通状态，相当于一只接通的开关；在反向电压作用下，电阻很大，处于截止状态，如同一只断开的开关。利用二极管的开关特性，可以组成各种逻辑电路。变容二极管使用于电视机的高频头中，也用于自动选台收音机中。发光二极管用磷化镓、磷砷化镓材料制成，体积小，正向驱动发光。工作电压低，工作电流小，发光均匀、寿命长、可发红、黄、绿单色光。隧道二极管可以被应用于低噪声高频放大器及高频振荡器中（其工作频率可达毫米波段），也可以被应用于高速开关电路中。

3. 稳压二极管

稳压二极管是利用 PN 结反向击穿特性所表现出的稳压性能制成的器件。稳压二极管也称为齐纳二极管或反向击穿二极管，在电路中起稳定电压的作用。稳压二极管通常由硅半导体材料采用合金法或扩散法制成。它既具有普通二极管的单向导电特性，又可工作于反向击穿状态具有稳压作用。在反向电压较低时，稳压二极管截止；当反向电压达到一定数值时，反向电流突然增大，稳压二极管进入击穿区，此时即使反向电流在很大范围内变化时，稳压二极管两端的反向电压也能保持基本不变。但若反向电流增大到一定数值后，稳压二极管则会被彻底击穿而损坏。稳压二极管的稳压条件为 $I_{Zmin} \leqslant I_Z \leqslant I_{Zmax}$。

五、实验任务

1. 二极管的检测。

（1）发光二极管的检测。

1）目测。从外观来看，管脚长的为正极，短的为负极；发光体内部面积较大的是负极，面积较小的为正极，综合以上两项来分辨发光二极管的正、负极。

2）万用表检测。用万用表 ➔·))) 的驱动能力检测发光二极管的正、负极，当在二极管上加正向电压时，二极管发光，在考核表中记录正向导通电压。注意模拟万用表的表笔输出电压时，黑表笔输出端是正极，红表笔输出端是负极，而数字万用表刚好相反。

（2）普通二极管的检测。由于二极管正向电阻与反向电阻之间相差较大，可使用模拟万用表“×10Ω”的电阻挡来进行正、负极分辨，或万用表 ➔·))) 的驱动能力检测。

（3）稳压管的检测。稳压管的检测与二极管相似，可使用模拟万用表“×10Ω”的电阻挡进行正、负极分辨，也可以利用数字万用表 ➔·))) 的驱动能力检测。

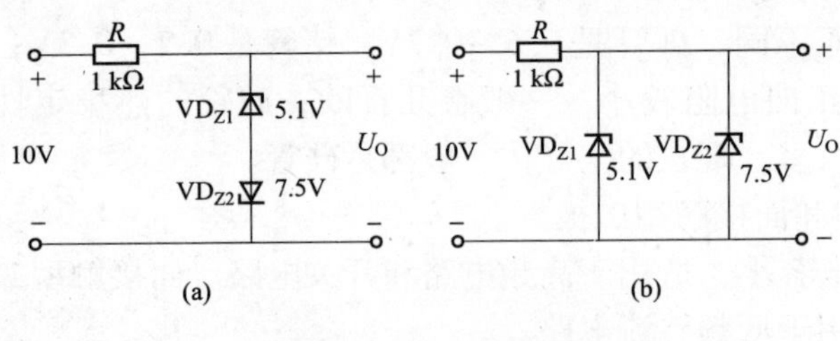

图 3－3　稳压管的电路

（a）串联电路；（b）并联电路

2. 稳压管的串联和并联电路

按图 3－3（a）和（b）所示电路接线，用万用表的直流电压挡测量输出电压 U_O 的值，将测量结果记入考核表中。

3. 二极管嵌位电路

按图 3－4 所示电路接线，当输入端 A 的电位 $V_A = +5V$，B 的电位 $V_B = 1.5V$ 时，测量 Y 点电位并判别钳位二极管；当 $V_B = +5V$，$V_A = 1.5V$ 时，测量 Y 点电位并判别钳位二极管。当 $V_A = +5V$，$V_B = 4.8V$ 时，测量 Y 点电位，将测量结果记入考核表中，分析二极管的工作状态。

4. 二极管削波电路

按图 3－5（a）所示电路接线，令 $U = 5V$，$u_i = 10\sin\omega t V$，用示波器观测输入电压 u_i 和输出 u_o 的波形图。将观测结果记入考核表中；将二极管反接如图 3－5（b）所示用示波器观测 u_i 和 u_o 的波形图，将观测结果记入考核表中。

六、实验报告

（1）叙述二极管的检测与应用实验的实验目的、实验原理和实验任务。

（2）整理考核表中的实验数据，填写实验总结。

（3）装订实验报告与考核表并上交指导教师。

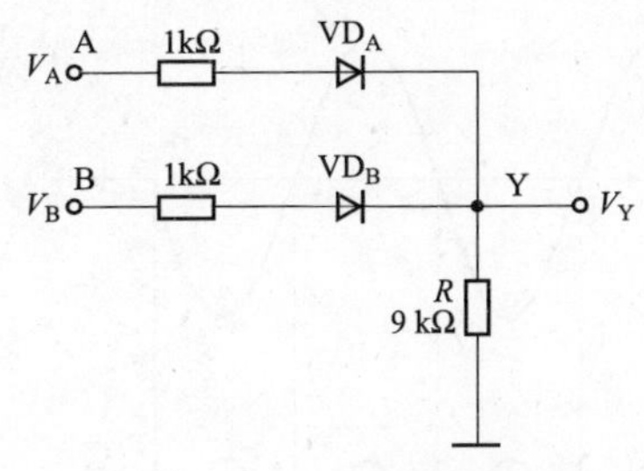

图 3－4　二极管嵌位电路

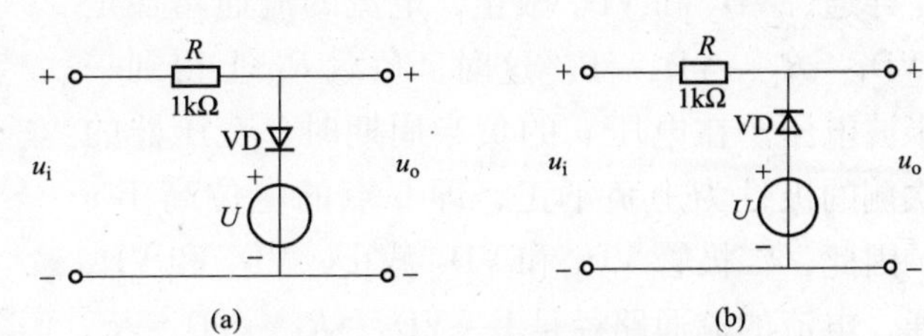

图 3－5　二极管削波电路

（a）二极管正向连接；（b）二极管反向连接

实验 3－2　整流、滤波与稳压电路

一、实验目的

（1）掌握单相桥式整流电路的工作原理。

（2）掌握滤波电路的工作原理。

（3）了解稳压管组成的稳压电路的工作原理。

（4）了解集成稳压器组成的稳压电源的工作原理。

二、实验预习

（1）复习单相桥式整流电路的相关知识。

（2）复习滤波电路、集成稳压电路的工作原理。

（3）阅读实验指导书，了解实验目的、实验原理和实验任务。

（4）填写实验 3－2 考核表（见附录）中的预习思考。

三、实验仪器与元器件

（1）THM－1 型模拟电路实验箱 1 台。

（2）SG4320A 型示波器 1 台。

（3）VC9803A＋型数字万用表 1 块。

（4）2172 型交流毫伏表 1 台。

四、实验原理

1. 单相桥式整流电路

单相桥式整流电路如图 3－6 所示，它是由四个二极管组成的电桥构成的。

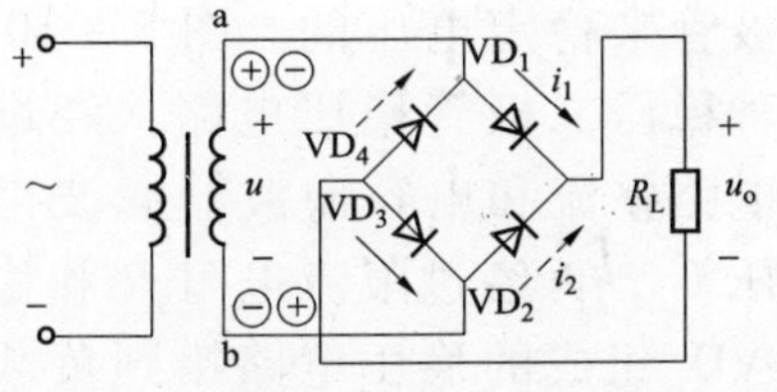

图 3－6　单相桥式整流电路

设整流变压器二次电压为 $u=\sqrt{2}U\sin\omega t$，其波形如图 3－7 所示。

在变压器二次电压 u 的正半周时，其极性为上正下负，即 a 点的电位高于 b 点，二极管 VD_1 和 VD_3 导通，VD_2 和 VD_4 截止，电流的流通路径是 $a \to VD_1 \to R_L \to VD_3 \to b$。这时，负载 R_L 上得到一个半波电压。在电压 u 的负半周期时，变压器的二次侧的极性为上负下正，即 b 点的电位高于 a 点。因此，二极管 VD_1 和 VD_3 截止，VD_2 和 VD_4 导通，电流的流通路径是 $b \to VD_2 \to R_L \to VD_4 \to a$。同样，在负载 R_L 上得到一个半波电压。但是无论输入电压 u 如何变化，负载 R_L 上的电压方向始终未变，流过 R_L 的电流方向也始终未变，在负载上就可以得到全波整流的电压和电流。全波整流电路的整流电压的平均值 $U_o = 0.9U$。整流电流的平均值 $I_o = U_o/R_L = 0.9U/R_L$。

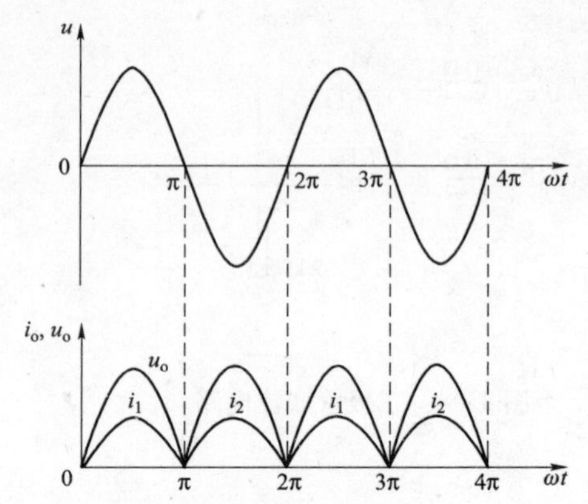

图 3-7　单相桥式整流电路的电压与电流的波形

2. 电容滤波器的单相桥式整流电路

在图 3-6 所示的单相桥式整流电路中，与负载并联的一个容量足够大的电容器就是电容滤波器的单相桥式整流电路，如图 3-8 所示。利用电容器的充、放电，以改善输出电压 u_o 的脉动程度，其波形如图 3-9 所示。

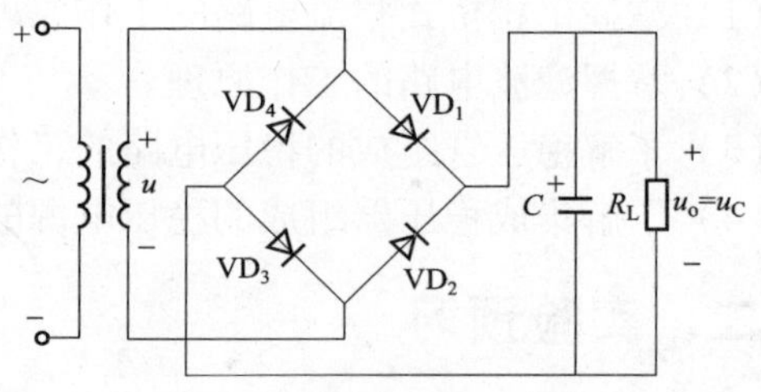

图 3-8　接有电容滤波器的单相桥式整流电路

在 u 的正半周，且 $u > u_C$ 时，二极管 VD_1 和 VD_3 导通，一方面供电给负载，另一方面对电容 C 充电。当充到最大值，即 $u_C = U_m$ 后，随着 u 从最大值开始下降，u_C 也开始下降，u 按正弦规律下降，u_C 按指数规律下降，当 $u < u_C$ 时，VD_1 和 VD_3 承受反向电压而截止，电容器对负载放电。在 u 的负半周期时，情况类似。接有电容滤波器的单相桥式整流电路的电压的平均值 U_o 为 $1.2U$。

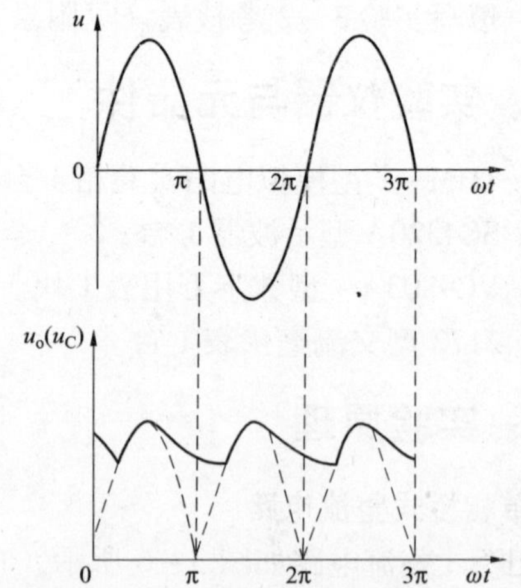

图 3-9　接有电容滤波器的单相桥式整流电路的电压波形

3. 稳压二极管稳压电路

最简单的直流稳压电源是采用稳压二极管来稳定电压的。图 3-10 所示是一种稳压二极管稳压电路，经过桥式整流电路整流和电容滤波器滤波得到直流电压 U_i，再经过限流电阻 R 和稳压二极管 VD_z 组成的稳压电路接到负载的电阻 R_L 上。这样，负载上得到的就是一个比较稳定的电压。

引起电压不稳定的原因是交流电源电压的波动和负载电流的变化。例如，当交流电源电压增加而使整流输出电压 U_i 随着增加时，负载电压 U_o 也要增加，U_o 即为稳压二极管两端的反向电压。当负载电压 U_o 稍有增加时，稳压二极管的电流 I_z 就显著增加，因此电阻 R 上的电压降增加，以抵偿 U_i 的增加，从而使负载电压 U_o 保持近似不变。

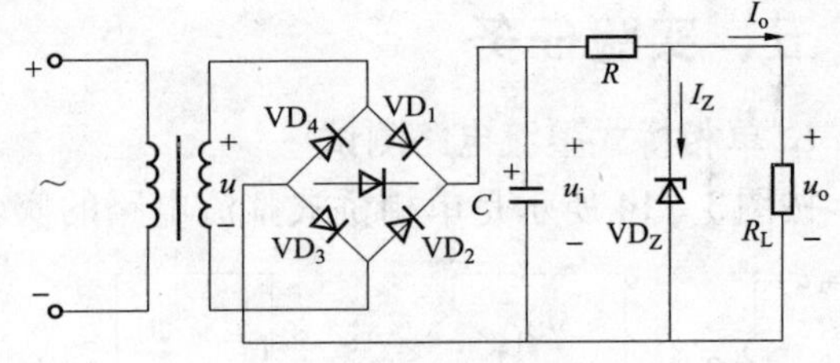

图 3 – 10　稳压二极管稳压电路

相反，如果交流电源电压降低而使 U_i 降低时，负载电压 U_o 也要降低，因而稳压二极管电流流 I_z 显著减小，电阻 R 上的电压降也减小，仍然保持负载电压 U_o 近似不变。同理，如果当电源电压保持不变而是负载电流变化引起负载电压 U_o 改变时，上述稳压电路仍能起到稳压的作用。

4. 集成稳压器稳压电路

由于集成稳压器具有体积小、外接线路简单、使用方便、工作可靠和通用性等优点，因此在各种电子设备中应用十分普遍，基本上取代了由分立元件构成的稳压电路。常用的三端集成稳压器有正输出和负输出两大系列，W7800 系列是正输出，输出引线排列如图 3 – 11 所示。W7900 系列是负输出，输出引线排列如图 3 – 12 所示。

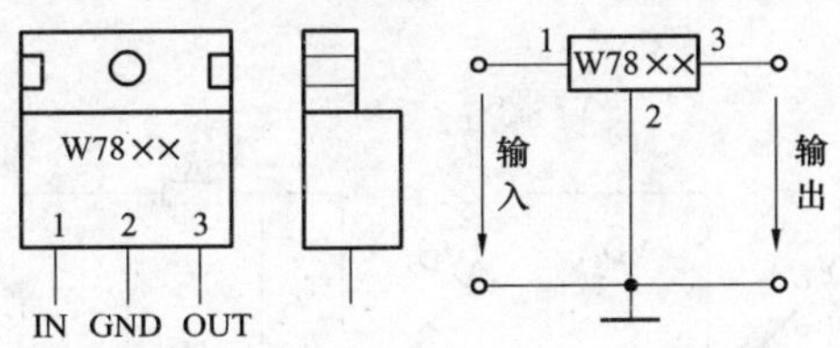

图 3 – 11　W7800 系列的外形及接线图

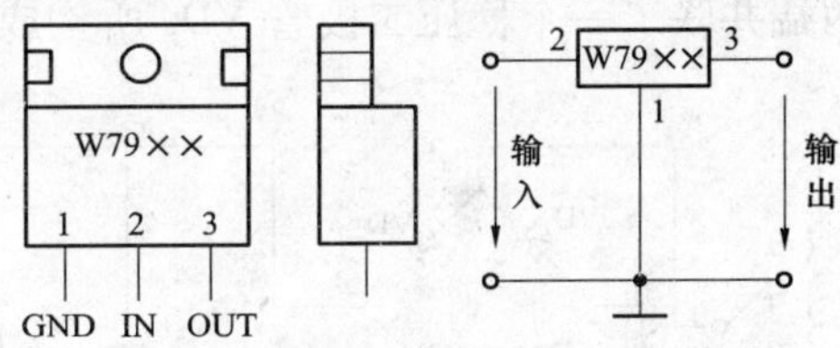

图 3 – 12　W7900 系列的外形及接线图

图 3 – 13 所示是 W78 系列三端集成稳压器的接线图，连接时需要在输入端和输出端与地之间隔并联一个电容。C_3 用以抵消输入端较长接线的电感效应，防止产生自振荡。

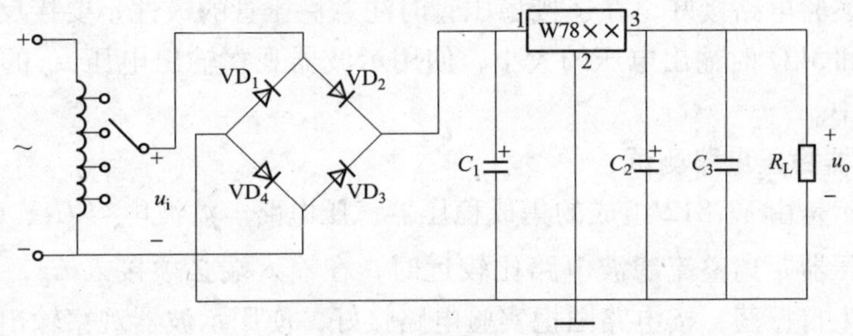

图 3 – 13　W78 系列集成稳压器稳压电路图

五、实验任务

1. 单相桥式整流电路测试

按图 3－14 所示是单相桥式整流电路的实验电路图，电源采用可调工频电源 14V 电压作为整流电路输入电压 u_i，负载采用 240Ω 电阻 R_L。

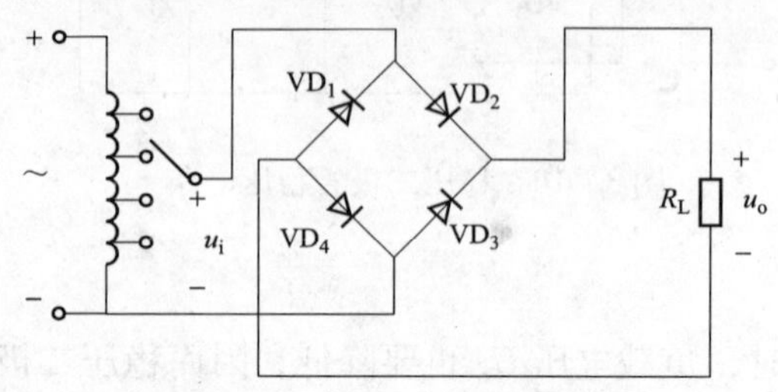

图 3－14　单相桥式整流电路

首先接通工频电源，用万用表测量输入和输出两端电压有效值 U_i 和 U_o，此时注意输入电压是交流电压，而输出电压是脉动的直流电压，在使用万用表测电压时，要注意挡位的选取。用示波器观察 u_i 和 u_o 的波形，把数据及波形记入考核表中。

2. 电容滤波器的单相桥式整流电路测试

图 3－15 所示是电容滤波器的单相桥式整流电路实验电路，它是在负载电阻 R_L（240Ω）的两端并联一个 470μF 电解电容 C 构成的。

按电路图 3－15 把实验电路接好，在连接电容时注意电容的极性不要接反。用示波器观察输出电压 u_o 的波形，把数据及波形记入考核表中。

3. 稳压二极管稳压电路测试

图 3－16 所示是稳压二极管稳压电路，它是在电路中串联一个限流电阻 $R = 1\text{k}\Omega$，在负载两端并联了一个稳压二极管 VD_z 所构成。

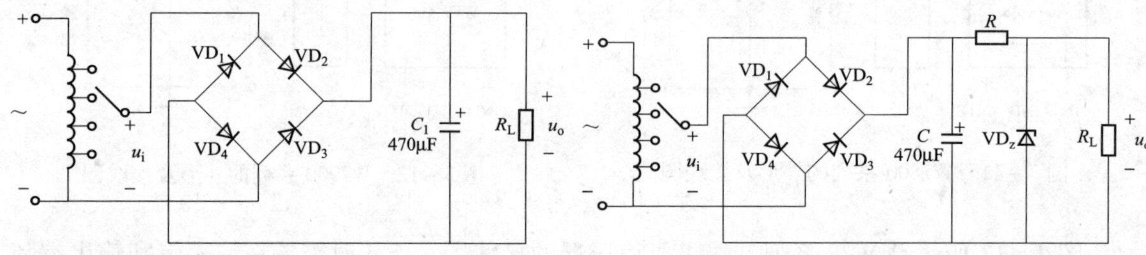

图 3－15　电容滤波器的单相桥式整流电路　　图 3－16　稳压二极管稳压电路

按电路图把实验电路接好，在连接稳压管时注意稳压管的极性不要接反。分别测量负载电阻 R_L 为 2kΩ 和 3kΩ 时输出电压的大小，使用示波器观察输出电压 u_o 的波形，把数据及波形记入考核表中。

4. 集成稳压器稳压电路测试

图 3－17 所示是由 W7812 组成的集成稳压器稳压电路。滤波电容 C_1、C_2 通常取几百至几千微法，当稳压器距离整流滤波电路比较远时，在输入端必须接入 C_3，以抵消线路的电感效应，防止产生自振荡，按电路图把实验电路接好，使用示波器观察输出电压 u_o 的波形，把数据及波形记入考核表中。

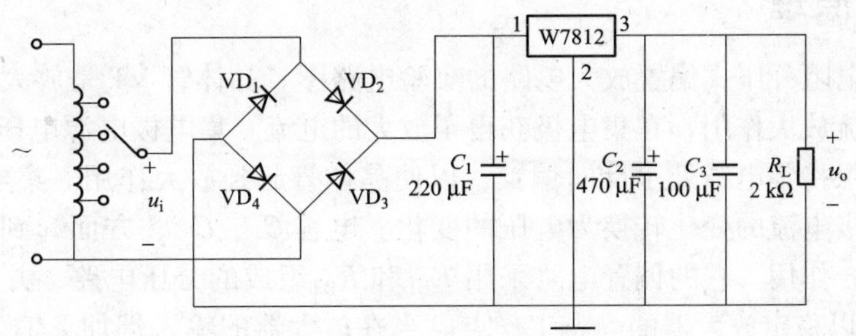

图 3－17 集成稳压器稳压电路

六、实验报告

（1）叙述整流、滤波、稳压电路实验的实验目的、实验原理和实验任务。

（2）整理考核表中的实验数据，填写实验总结。

（3）装订实验报告并上交指导教师。

实验 3－3 单管低频电压放大电路

一、实验目的

（1）学会测量和调试单级电压放大器静态工作点的基本方法。

（2）练习测量放大电路的电压放大倍数。

（3）理解静态工作点在放大电路中的作用。

（4）进一步学习使用万用表、毫伏表、示波器、函数信号发生器的方法。

二、实验预习

（1）掌握分压式偏置放大电路的基本内容，理解静态工作点、电压放大倍数的含义及计算方法。

（2）了解万用表、毫伏表、示波器、函数信号发生器的使用方法。

（3）阅读实验指导书，了解实验目的、实验原理和实验任务。

（4）填写实验 3－3 考核表（见附录）中的预习思考。

三、实验仪器与元器件

（1）THM－1 型模拟电路实验箱 1 台。

（2）SG4320A 型示波器 1 台。

（3）SG1615A 型函数信号发生器 1 台。

（4）SG2172 型晶体管毫伏表 1 台。

（5）VC9803A＋型数字万用表 1 块。

四、实验原理

图 3－18 为电阻分压式偏置放大电路的实验电路图。晶体管 VT 是放大电路中的放大元件，利用它的电流放大作用，在集电极获得了放大的电流。集电极电源电压 U_{CC} 为输出信号提供能量，并且保持集电结处于反向偏置，以使晶体管起到放大作用。集电极负载电阻 R_C 的作用是将集电极电流的变化转换为电压的变化。电容 C_1、C_2 一方面起到隔直作用，另一方面起到交流耦合作用。它的偏置电路采用 R_{B1} 和 R_{B2} 组成的分压电路，并在发射极中接有电阻 R_{E1}、R_{E2}，以稳定放大器的静态工作点。当在放大器的输入端加上输入信号 u_i 后，在放大器的输出端便可得到一个与 u_i 相位相反，幅值被放大了的输出信号 u_o，从而实现了电压放大。

1. 放大器静态工作点的测量与调试

（1）静态工作点的测量。测量放大器的静态工作点，应在输入信号 $u_i=0$ 的情况下进行，即将放大器输入端与地端短接，电容 C_1、C_2 开路，如图 3－19 所示。然后选用量程合适的直流毫安表和直流电压表，分别测量晶体管的集电极电流 I_C 以及各电极对地的电位 U_B、U_C 和 U_E。

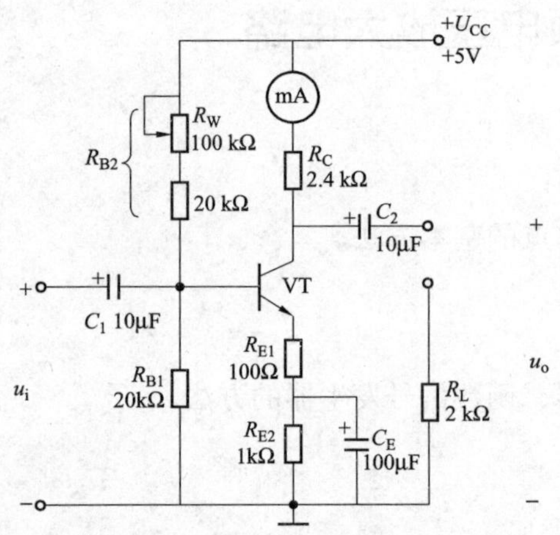

图 3－18　电阻分压式偏置放大电路

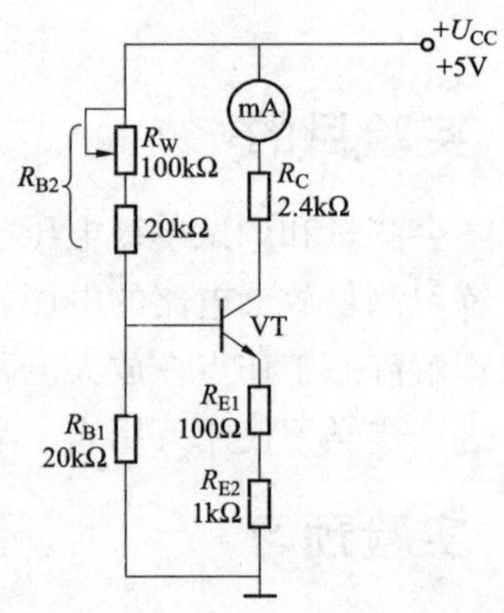

图 3－19　共射极单管放大器直流通路

（2）静态工作点的调试。放大器静态工作点的调试是指对晶体管集电极电流 I_C（或 U_{CE}）的调整与测试。静态工作点是否合适，对放大器的性能和输出波形都有很大影响。如果工作点偏高，放大器在加入交流信号以后易产生饱和失真，此时 u_o 的负半周将被削底，如图 3－20（a）所示；如果工作点偏低，则易产生截止失真，即 u_o 的正半周被缩顶，如图 3－20（b）所示。这些情况都不符合不失真放大的要求，所以在选定工作点以后还必须进行动态调试，即在放大器的输入端加入一定的输入电压 u_i，检查输出电压 u_o 的大小和波形是否满足要求。如果不满足，则应调节静态工作点的位置。

改变电路参数 U_{CC}、R_C、R_B（R_{B1}、R_{B2}）都会引起静态工作点的变化，如图 3－21 所示。但通常多采用调节偏置电阻 R_{B2} 的方法来改变静态工作点，如果减小 R_{B2}，则可使静态工作点提高等。

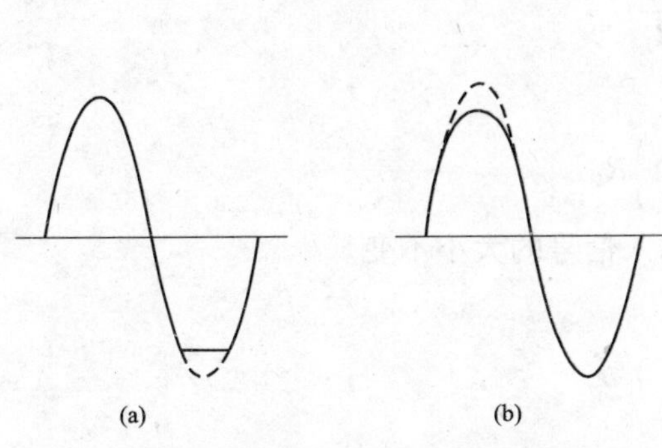

图 3-20　静态工作点对 u_o 波形失真的影响
（a）饱和失真；（b）截止失真

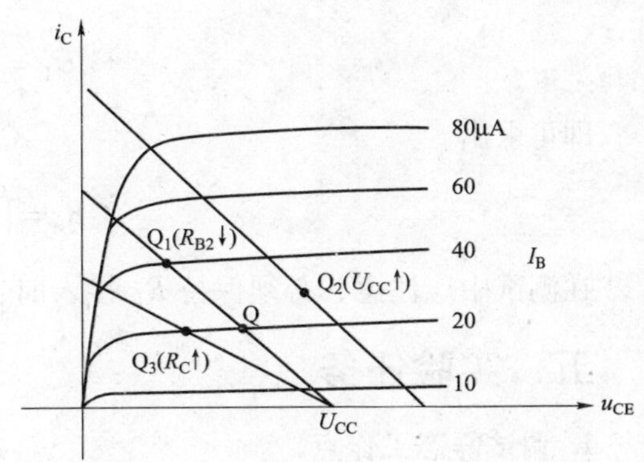

图 3-21　电路参数对静态工作点的影响

最后还要说明的是，上面所说的工作点“偏高”或“偏低”不是绝对的，应该是相对信号的幅度而言，如果输入信号幅度很小，即使工作点较高或较低也不一定会出现失真，所以确切地说，产生波形失真是信号幅度与静态工作点设置配合不当所致。如果需满足较大信号幅度的要求，静态工作点最好尽量靠近交流负载线的中点。

2. 放大器动态指标测试

放大器动态指标包括电压放大倍数、输入电阻、输出电阻、最大不失真输出电压（动态范围）和通频带等。

（1）电压放大倍数 A_u 的测量。调整放大器到合适的静态工作点，然后加入输入电压 u_i，在输出电压 u_o 不失真的情况下，用交流毫伏表测出 u_i 和 u_o 的有效值 U_i 和 U_o，则

$$A_u = \frac{U_o}{U_i}$$

（2）输入电阻 R_i 的测量。为了测量放大器的输入电阻，按图 3-22 被测放大器的输入端与信号源之间串入一个已知电阻 R，在放大器正常工作的情况下，用交流毫伏表测出 U_S 和 U_i，则根据输入电阻的定义可得

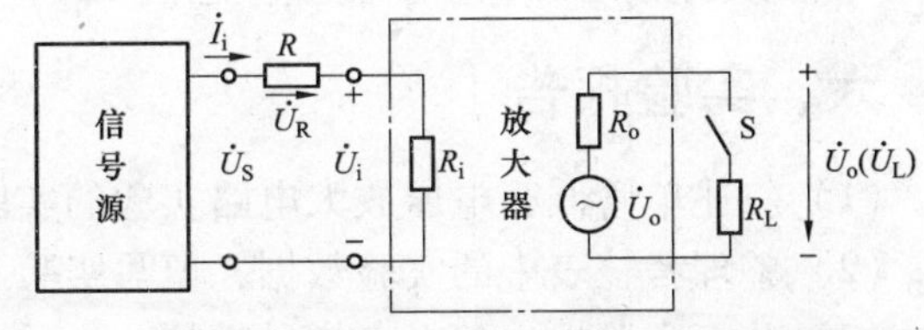

图 3-22　输入、输出电阻测量电路

$$R_i = \frac{U_i}{I_i} = \frac{U_i}{\dfrac{U_R}{R}} = \frac{U_i}{U_S - U_i}R$$

测量时应注意下列几点：

1）由于电阻 R 两端没有电路公共接地点，所以测量 R 两端电压 U_R 时必须分别测出 U_S 和 U_i，然后按 $U_R = U_S - U_i$ 求出 U_R 值。

2）电阻 R 的值不宜取得过大或过小，以免产生较大的测量误差，通常取 R 与 R_i 为同一数量级为好，本实验可取 $R = 1 \sim 2k\Omega$。

（3）输出电阻 R_o 的测量。按图 3-22 电路，在放大器正常工作条件下，测出输出端不接负载 R_L 的输出电压 U_o 和接入负载后的输出电压 U_L，根据

$$U_L = \frac{R_L}{R_o + R_L} U_o$$

即可求出

$$R_o = \left(\frac{U_o}{U_L} - 1 \right) R_L$$

在测试中应注意，必须保持 R_L 接入前、后输入信号的大小不变。

五、实验任务

1. 调试静态工作点

实验电路如图 3－18 所示，接通 +5V 电源、调节 R_W，使 $I_C = 0.5\text{mA}$，用电压表测量 V_B、V_E、V_C，并计算出 U_{BE}、U_{CE} 记入表中。左、右旋转 R_W，使 I_C 分别为 0.1mA 和 0.9mA，观察 U_{BE}、U_{CE}的变化趋势，并记入考核表中。

2. 电压放大倍数的测量

实验电路如图 3－18 所示，在放大器输入端加入频率为 1kHz 的正弦信号 u_i，调节函数信号发生器的输出旋钮使放大器输入电压 $U_i = 10\text{mV}$，调节 $I_C = 0.5\ \text{mA}$，分别在负载开路（∞）和负载电阻为 2kΩ 时，用示波器观测放大电路输入电压 u_i 和输出电压 u_o 的波形，测量 u_o 的值并记入考核表中。

3. 观察静态工作点对输出波形失真的影响

断开负载电阻 R_L，将毫安表短接、调节信号发生器使 $U_i = 30\text{mV}$，增大 R_W，使 u_o 波形出现失真（勿使失真过于严重）。然后去掉信号源，重新测量静态值 U_{CE}，判断失真类型，将结果记入考核表中。

仍断开负载电阻 R_L，调节 $U_i = 30\text{mV}$，减小 R_W，使 u_o 波形出现失真（勿使失真过于严重）。然后去掉信号源，重新测量静态值 U_{CE}，判断失真类型，将结果记入考核表中。

六、实验报告

（1）叙述单管低频电压放大电路实验的实验目的、实验原理和实验任务。

（2）整理考核表中的实验数据，填写实验总结。

（3）装订实验报告并上交指导教师。

实验 3－4　集成运算放大器的基本运算电路

一、实验目的

（1）学习用理想集成运算放大器搭建比例、加法、减法、积分等运算电路。

（2）验证同相和反相比例、加法和减法运算电路的输出和输入电压的关系。

（3）观测积分运算电路输入阶跃信号时输出的电压波形。

二、实验预习

（1）复习集成运算放大器基本工作原理。

(2) 阅读数字万用表和双踪示波器的使用说明（见第四章）。

(3) 阅读实验指导书，了解实验目的、实验原理和实验任务。

(4) 填写实验 3-4 考核表（见附录）中的预习思考。

三、实验仪器与元器件

(1) THM-1 型模拟电路实验箱 1 台。

(2) SG4320A 型示波器 1 台。

(3) VC9803A+型数字万用表 1 块。

(4) 74LS324 集成电路芯片 1 片，电阻元件（2kΩ、3kΩ、10kΩ 和 100kΩ）和电容元件（5μF）。

四、实验原理

集成运算放大器是具有开环电压放大倍数高、输入电阻高（几兆欧以上）、输出电阻低(约几百欧)、漂移小和可靠性高等特点的多级直接耦合放大电路，其电路符号如图 3-23 所示。它有两个输入端和一个输出端。“-”号为反相输入端，“+”号为同相输入端和输出端，各端对“地”电压（即各端的电位）分别用 u_-、u_+、u_O 表示。“▷”表示信号传递方向，“∞”表示开环电压放大倍数。

表示输出电压与输入电压之间关系的特性曲线为集成运算放大器的传输特性，如图 3-24 所示，运算放大器的传输特性可分为线性区和饱和区。运算放大器可工作在线性区，也可工作在饱和区。当工作在线性区时，$u_O = A_{uo}(u_+ - u_-)$，由于理想运算放大器开环电压放大倍数 $A_{uo} \to \infty$，因此有 $u_+ = u_-$，即所谓“虚短”。由于运算放大器的差模输入电阻 $r_{id} \to \infty$，故可认为两个输入端的输入电流为零，$i_+ = i_-$，此即所谓“虚断”。“虚短”和“虚断”是运算放大器在线性区的两条分析依据。如果反相端有输入时，同相端接“地”，即 $u_+ = 0$，$u_- \approx 0$。反相输入端是不接“地”的“地”电位端，通常称为“虚地”，运算放大器能够完成对电信号的比例、加法、减法和积分的运算。

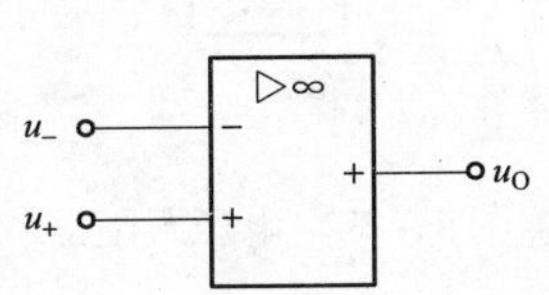

图 3-23　集成运算放大器的电路符号

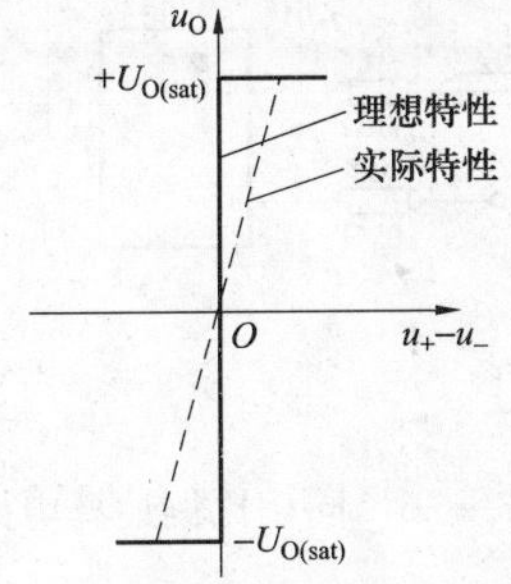

图 3-24　集成运算放大器的传输特性曲线

1. 比例运算电路

(1) 反相输入。输入信号从反相输入端引入的运算便是反相输入比例运算。图 3-25 所示是反相比例运算电路。输入信号 u_I 经输入端电阻 R_1 送到反相输入端，同相输入端则是

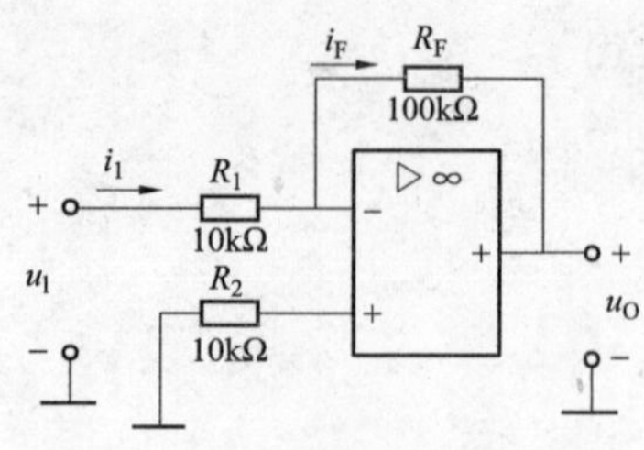

图 3-25　反相比例运算电路

通过电阻 R_2 接"地"。反馈电阻 R_F 跨接在输出端和反相输入端之间。

根据运算放大器工作在线性区时的两条分析依据可知

$$i_I \approx i_F,\ u_+ = u_-$$

输出与输入电压之间的比例关系为

$$u_O = -\frac{R_F}{R_1}u_I$$

式中，负号表明输出与输入相位相反。

闭环电压放大倍数则为

$$A_{uf} = \frac{u_O}{u_I} = -\frac{R_F}{R_1}$$

输入电压 u_I 与输出电压 u_O 之间的关系只取决于 R_1 与 R_F 的比值而与运算放大器本身的参数无关，从而保证了比例运算的精度和稳定性。式中的负号表示 u_I 与 u_O 反相，图中的 R_2 为平衡电阻，$R_2 = R_1 /\!/ R_F$，其作用是消除静态电流对输出电压的影响。

（2）同相输入。输入信号从同相输入端引入的运算便是同相比例运算，如图 3-26 所示，根据理想运算放大器工作在线性区时的分析依据其输出与输入电压之间的关系为

$$u_O = \left(1 + \frac{R_F}{R_1}\right)u_I$$

闭环电压放大倍数为

$$A_{uf} = \frac{u_O}{u_I} = 1 + \frac{R_F}{R_1}$$

上式表明 u_I 与 u_O 之间的比例关系与运算放大器本身的参数无关，式中 A_{uf} 为正值，表明 u_I 与 u_O 同相，并且 A_{uf} 总是大于 1，当 $R_1 = \infty$（断开）或 $R_F = 0$ 时，则

$$A_{uf} = \frac{u_O}{u_I} = 1$$

这就是电压跟随器如图 3-27 所示。

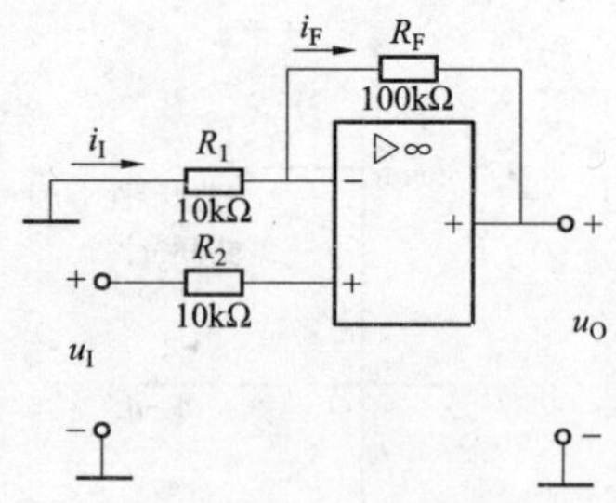

图 3-26　同相比例运算电路

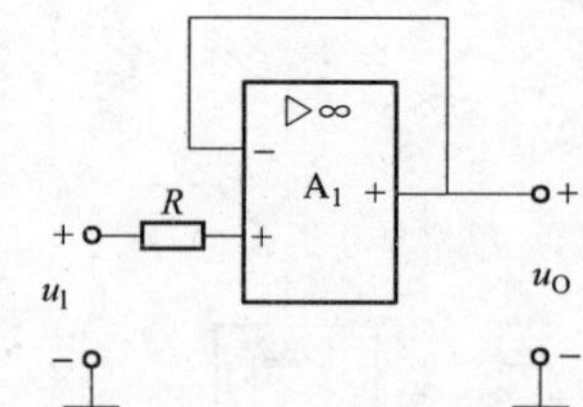

图 3-27　电压跟随器

2. 加法运算电路

输入信号 u_{I1}、u_{I2} 从反相输入端引入的运算便是反相加法运算，如图 3-28 所示，输出与输入电压之间的关系为

$$u_O = -\left(\frac{R_F}{R_1}u_{I1} + \frac{R_F}{R_2}u_{I2}\right)$$

式中，负号表明输出与输入反相。

当 $R_1=R_2$ 时

$$u_O=-\frac{R_F}{R_1}(u_{I1}+u_{I2})$$

当 $R_1=R_2=R_F$ 时

$$u_O=-(u_{I1}+u_{I2})$$

加法运算电路也与运算放大器本身的参数无关，只要电阻阻值足够精确，就可保证加法运算的精度和稳定性，平衡电阻 $R_3=R_1/\!/R_2/\!/R_F$。

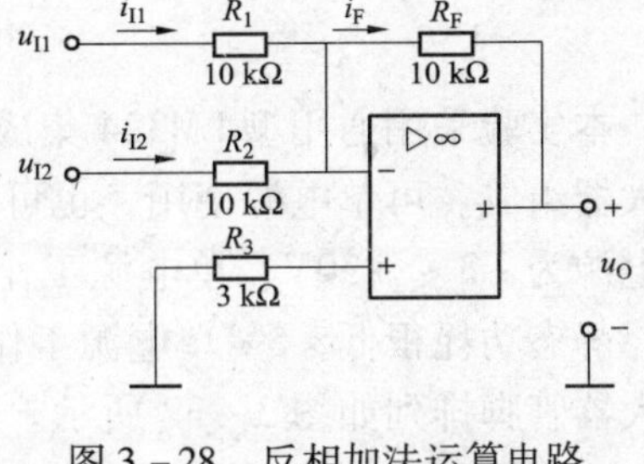

图 3－28　反相加法运算电路

3. 减法运算电路

如果两个输入端都有信号输入，则为差分输入。差分运算在测量和控制系统中应用很多，其运算电路如图 3－29 所示，输入信号 u_{I1}、u_{I2} 分别从同相和反相输入端引入，根据理想运算放大器工作在线性区时的分析依据，其输出与输入电压之间的关系为

$$u_O=\left(1+\frac{R_F}{R_1}\right)\frac{R_3}{R_2+R_3}u_{I2}-\frac{R_F}{R_1}u_{I1}$$

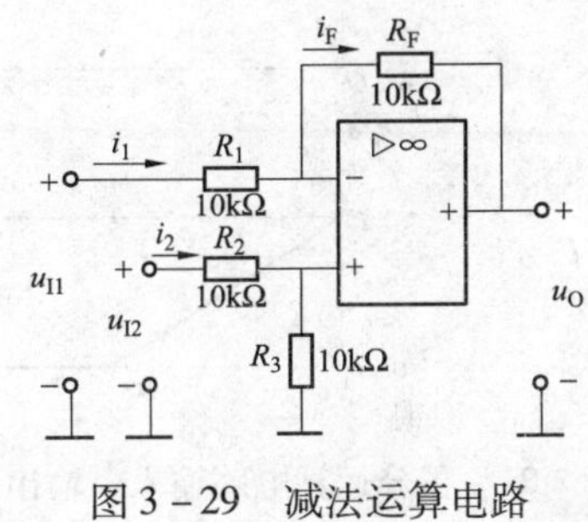

图 3－29　减法运算电路

当 $R_1=R_2$，$R_F=R_3$ 时

$$u_O=\frac{R_F}{R_1}(u_{I2}-u_{I1})$$

当 $R_1=R_2=R_F=R_3$ 时

$$u_O=(u_{I2}-u_{I1})$$

由上两式可见，输出电压 u_O 与两个输入电压的差值成正比，即为同相比例运算和反相比例运算输出电压之和。由于电路存在共模电压，为了保证运算精度，应当选用共模抑制比较高的运算放大器或选用阻值合适的电阻。

4. 积分运算电路

与反相比例运算电路比较，用电容 C 代替 R，作为反馈元件，即为积分运算电路，如图 3－30 所示。

当开关 S 断开时，若电容两端初始电压为零，在理想条件下有

$$u_O=-\frac{1}{R_1C_F}\int u_1\,\mathrm{d}t$$

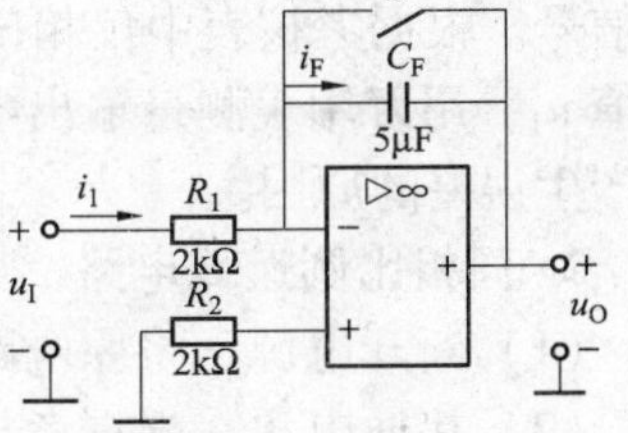

图 3－30　积分运算电路

上式表明 u_O 与 u_I 的积分成正比，式中的负号表示 u_I 与 u_O 相反，R_1C_F 称为积分时间常数。

对于电容元件输出电压随着电容元件的充电、放电按指数规律变化，其线性度较差。采用运算放大器组成的积分电路，由于充电电流基本上是恒定的，输出电压 u_O 是时间 t 的一次函数，故提高了电路的线性度。当 u_I 是幅值为 U_I 的阶跃电压时，此时输出电压 $u_O\ (t)$ 随时间线性下降，最后达到负饱和值 $-U_{O(sat)}$，达到饱和电压 $-U_{(sat)}$ 所需时间与时间常数 R_1C_F 有关，R_1C_F 值越大，达到负饱和值时间越长，其波形如图 3－31 所示。

$$u_O(t) = -\frac{U_I}{R_1 C_F} t \qquad t>0$$

本实验采用通用型LM324集成运算放大器，内部由四个独立的高增益、内补偿集成运算放大器组成。可单电源使用，也可双电源使用，电源电压范围宽，双电源为±1.5～±15V，单电源为+3～+30V；单电源工作时输入、输出电压均可接近低电平，与TTL逻辑电路相容；静态功耗很低，5V单电源工作时，仅为3.5mW；适用于干电池供电。LM324集成运算放大器管脚排列如图3－32所示。

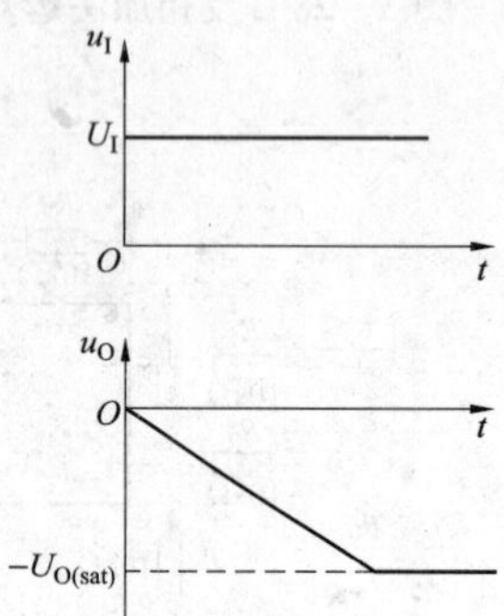

图3－31 积分运算电路输入、输出电压波形图

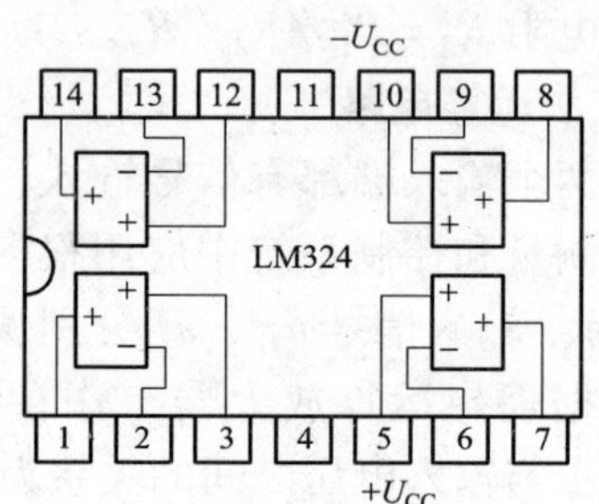

图3－32 集成运算放大器管脚图

五、实验任务

1. 反相比例运算电路

（1）模拟电路实验箱上找到通用型LM324集成运算放大器，将±12V电源连接到LM324对应的电源管脚，按图3－25连接反相比例运算电路。

（2）将模拟电路实验箱220V电源插头插好，打开实验箱的电源开关后，将±5电源和－5V～+5V直流信号源开关打开，调节－5V～+5V直流信号源，用万用表直流电压挡测量信号源是否正常工作。

（3）由模拟电路实验箱上的直流信号源的－5V～+5V提供反相比例运算电路的输入电压信号。根据考核表中反相比例运算项的要求，调节－5V～+5V的输出得到不同的输入电压值u_I，用万用表测量输出电压值u_O，并记入考核表中，与理论值进行比较计算误差并分析产生误差的原因。

2. 同相比例运算电路

（1）断开电源，将原电路改接为图3－26所示的同相比例运算电路。

（2）接通电源，根据考核表中同相比例运算项的要求调节输入电压，用万用表测量每一个输入电压u_I所对应的输出电压u_O的值，将结果记入考核表中，与理论值进行比较计算误差并分析误差产生的原因。

3. 反相输入加法运算电路

（1）断开电源，按图3－28连接反相输入加法运算电路。

（2）接通电源，采用两路－5V～+5V直流信号源向反相输入端提供两个输入电压信号，根据考核表中反相输入加法运算电路处的要求调节输入电压值，用万用表测量每一个输入电压u_I所对应的输出电压u_O的值，将结果记入考核表中，与理论值进行比较计算误差并分析误差产生的原因。

4. 减法运算电路

（1）断开电源，按图 3－29 连接成减法运算电路。

（2）接通电源，采用两路 －5V ~ ＋5V 直流信号源向同相和反相输入端提供两个输入电压信号，根据考核表中减法运算电路项调节输入电压值，用万用表测量每一个输入电压 u_I 所对应的输出电压 u_O 的值，将结果记入考核表中，与理论值进行比较计算误差并分析误差产生的原因。

5. 积分运算电路

（1）断开电源，按图 3－30 连接积分运算电路。

（2）先将开关 S 闭合使电容放电，调节 －5V ~ ＋5V 直流信号源使输入电压 $u_I = 0.2V$，将示波器的扫描时间：设为 0.2s/DIV（最大值）Y 轴衰减设为 0.5V/DIV，探头开关拨在 ×10，调整光标位置于 0 基线上 3 格处，当示波器显示屏上光标移动到荧光屏左侧时刻，在信号输入端将 $u_I = 0.2V$ 突然加入实现输入信号的阶跃，用示波器观察 u_O 随时间 t 变化的轨迹，记录并计算反向饱和电压 $-U_{(sat)}$ 的数值和达到 $-U_{(sat)}$ 所需时间，画出输出 u_O 随时间 t 的变化曲线。

六、实验报告要求

（1）叙述串联谐振实验的实验目的、实验原理和实验任务。

（2）整理考核表中的实验数据，填写实验总结。

（3）装订实验报告并上交指导教师。

实验 3－5　晶闸管可控整流电路

一、实验目的

（1）学习单结晶体管和晶闸管的简易测试方法。

（2）掌握晶闸管导通和关断条件，学习晶闸管导通和关断的测试方法。

（3）学习搭建晶闸管可控整流电路。

（4）掌握用双踪示波器观测晶闸管可控整流电路电压的波形。

二、实验预习

（1）预习单结晶体管和晶闸管的结构及工作原理。

（2）阅读交流毫伏表、双踪示波器、万用表等仪器设备的使用说明（见第四章）。

（3）阅读实验指导书，了解实验目的、实验原理和实验任务。

（4）实验 3－5 考核表（见附录）中的预习思考。

三、实验仪器与元器件

（1）9803A＋型数字万用电表。

（2）4320A 型双踪示波器 1 台。

（3）2172 型交流毫伏表 1 台。

（4）THM－1 型模拟电路实验箱 1 个。

四、实验原理

晶闸管可控整流电路能将交流电变换为电压值可以调节的直流电。其实验电路如图3－33所示，主电路由开关S、灯泡 R_L（负载）和晶闸管 VT_1 组成，单结晶体管 VT_2 及一些电阻和电容元件构成了阻容移相桥触发电路。改变晶闸管 VT_1 的导通角，便可调节主电路的可控输出整流电压（或电流）的值，灯泡（负载）的亮度也会随之变化。晶闸管导通角的大小取决于触发脉冲的频率，频率 f 的计算公式为

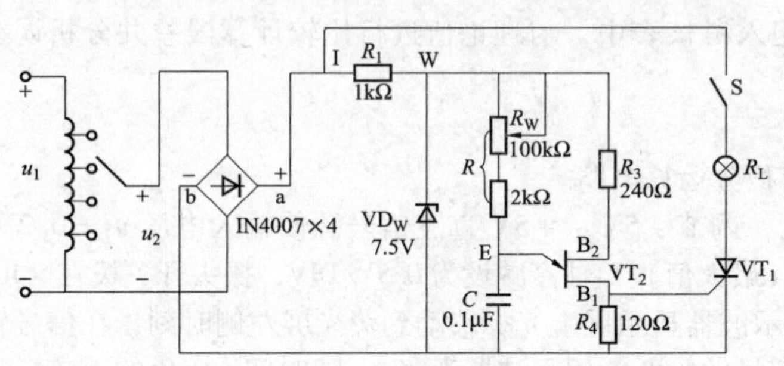

图3－33　单相半控桥式整流实验电路

$$f=\frac{1}{RC}\ln\left(\frac{1}{1-\eta}\right)$$

上式中 η 为单结晶体管的分压比（η 一般在0.5～0.8之间），当电容 C 固定不变时，触发脉冲的频率由电源频率 f 和 R 大小决定，调节电位器 R_W 可以改变 R 的值，也改变了触发脉冲的频率，主电路的输出电压也随之改变，从而达到可控整流的目的。

用万用表的电阻挡（或用数字万用表二极管挡 ➔•)））可以对单结晶体管和晶闸管进行简易测试。

图3－34（a）、（b）和（c）为单结晶体管BT33管脚排列、结构及电路符号图。好的单结晶体管PN结正向电阻 R_{EB1}、R_{EB2} 均较小，且 R_{EB1} 稍大于 R_{EB2}，PN结的反向电阻 R_{B1E}、R_{B2E} 均应很大，根据所测阻值，即可判断出各管脚及管子的质量优劣。

图3－35（a）、（b）和（c）为晶闸管3CT3A管脚排列、结构图及电路符号。晶闸管阳极（A）和阴极（K）、阳极（A）和门极（G）之间的正、反向电阻 R_{AK}、R_{KA}、R_{AG}、R_{GA} 均应很大，由于G和K之间为一个PN结，PN结正向电阻较小，反向电阻很大。

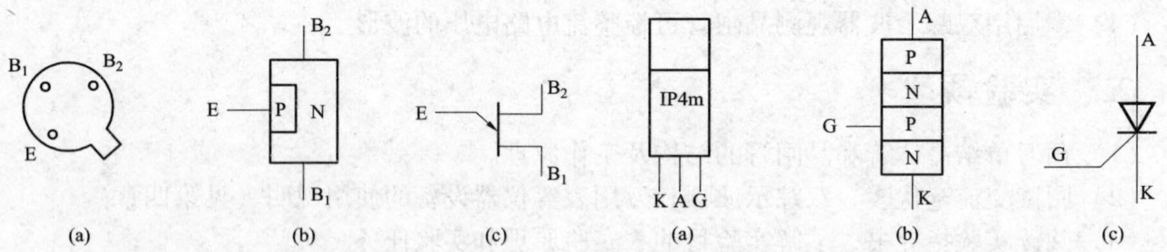

图3－34　单结晶体管（BT33）
（a）管脚排列；（b）结构图；（c）电路符号

图3－35　晶闸管（3CT3A）
（a）管脚排列；（b）结构图；（c）电路符号

五、实验任务

1. 单结晶体管和晶闸管的简易测试

（1）用数字万用表的➔•)))挡分别测量 EB_1、EB_2 间正、反向电阻，并将测量结果记入考

核表中。

（2）用数字万用表的 ×2kΩ 挡分别测量 A 和 K、A 和 G 间正、反向电阻；用→|·)))挡测量 G 和 K 间正、反向电阻，并将测量结果记入考核表中。

2. 闸管导通和关断条件测试

（1）按图 3－36 连接实验电路，开关 S_1 闭合晶闸管阳极加 12V 正向电压，开关 S_2 闭合门极接 5V 正向电压，观察晶闸管是否导通（导通时灯泡亮，关断时灯泡熄灭）。之后断开开关 S_2 即去掉 +5V 控制极电压，进一步观察晶闸管是否导通，最后反接控制极电压（接 －5V）观察晶闸管是否继续导通，将观察到的现象在实验总结中分析说明。

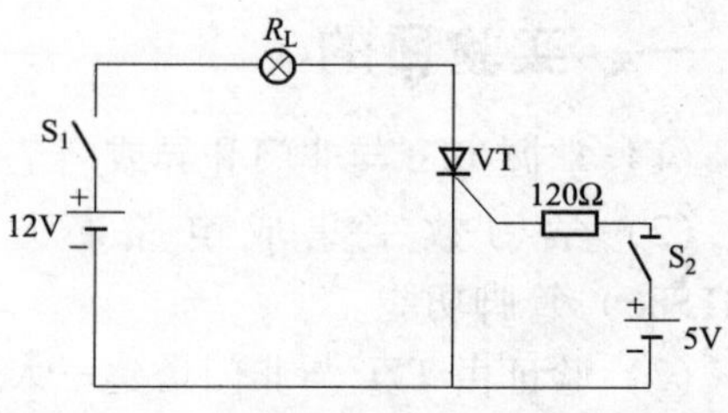

图 3－36 晶闸管导通、关断条件测试

（2）将 S_1、S_2 断开，晶闸管阳极和阴极之间加反向电压（－12V），观察晶闸管是否导通（导通时灯泡亮，关断时灯泡熄灭），断开开关 S_2 去掉控制极 +5V 电压，进一步观察晶闸管是否导通，再反接控制极电压（接 －5V）观察晶闸管是否继续导通，将观察到的现象在实验总结中分析说明。

3. 晶闸管可控整流电路

按图 3－33 连接实验电路。取可调工频电源 14V 电压作为整流电路输入电压 u_2，电位器 R_W 置中间位置。

（1）单结晶体管触发电路输出信号测试

1）将图 3－33 电路中开关 S 断开，接通工频电源，用交流毫伏表测量 u_2 的有效值。用示波器 CH1 先观测整流输入 u_2、再观测整流输出电压 u_I（+—－）（注意：用示波器观测电压波形时一定拆掉毫伏表）、削波电压 u_W（W—－）、锯齿波电压 u_E（E—－）、触发输出电压 u_{B1}（B_1—－）。将观测到的信号波形记入考核表中，记录波形时，注意各波形间对应关系，并标明电压幅值及周期。

2）改变移相电位器 R_W 阻值，观察 u_E 及 u_{B1} 波形的变化及 u_{B1} 的移相范围，将观测结果记录下来并在实验总结中分析说明。

（2）晶闸管可控整流电路的测试。断开工频电源，将开关 S 闭合接入负载灯泡 R_L 后接通工频电源，调节电位器 R_W，使电灯由暗到中等亮，再到最亮，用示波器观测负载两端电压 u_L 波形的变化，调节电位器 R_W 使电灯中等亮度，在考核表中记录此时负载两端电压信号波形和控制角 α。

六、实验报告

（1）叙述晶闸管可控整流电路实验的实验目的、实验原理和实验任务。

（2）整理考核表中的实验数据，填写实验总结。

（3）装订实验报告并上交指导教师。

实验3－6　集成门电路与组合逻辑电路

一、实验目的

（1）掌握TTL与非门和异或门基本逻辑功能。

（2）学习数字集成电路芯片CT4000（74LS00）、CT4020（74LS20）和CT4086（74LS86）管脚功能。

（3）验证由TTL与非门搭建三人表决组合逻辑电路的逻辑功能。

（4）验证由异或门和TTL与非门搭建全加器的逻辑功能。

二、实验预习

（1）复习门电路的理论知识，了解CT4000（74LS00）、CT4020（74LS20）和CT4086（74LS86）芯片的引脚图。

（2）设计三人表决电路和全加器组合逻辑电路。

（3）阅读实验指导书，了解实验目的、实验原理和实验任务。

（4）填写实验3－6考核表（见附录）中的预习思考。

三、实验仪器与元器件

（1）THD－1型数字电路实验箱1台。

（2）CT4000（74LS00）和CT4020（74LS20）TTL与非门数字集成电路芯片各1片。

（3）CT4086（74LS86）异或门数字集成电路芯片1片。

四、实验原理

1. TTL门电路

由二极管、晶体管组成的门电路为分立元件门电路，TTL为集成门电路，具有高可靠性和微型化的特点，常用的有“与”、“或”、“非”、“与非”、“或非”、“与或非”等门电路。其中“与非门”电路应用最普遍。

（1）TTL与非门电路。图3－37所示是标准TTL74系列与非门电路。VT_1是多发射极晶体管，可把它的集电结看成一个二极管，而把发射结看成与前者背靠背的两个二极管，其等效电路如图3－38所示，图中VT_1的作用和二极管与门的作用是完全相似的。当输入端不全为1时，输出端的电位为$V_Y=(5-0.7-0.7)\ V=3.6V$，即Y＝1，输入端全为1时，输出端的电位为$V_Y=0.3V$即Y＝0。

数字电路实验中所用到的集成芯片都是双列直插式的，识别方法是：正对集成电路型号［如CT4020（74LS20）］或看标记（左边的缺口或小圆点标记），从左下角开始按逆时针方向以1，2，3，…依次排列到最后一脚（在左上角）。在标准形TTL集成电路中，电源端U_{CC}一般排在左上端，接地端GND一般排在右下端。TTL与非门电路内各个逻辑门互相独立，可以单独使用，但共用一根电源引线和一根地线。图3－39和图3－40分别是CT4020（74LS20）和CT4000（74LS00）与非门集成芯片管脚说明图，CT4000（74LS00）由4个独

立的与非门组成，每个与非门具有 2 个输入端。逻辑符号如图 3－41 所示，逻辑表达式为

$$Y=\overline{A\cdot B}$$

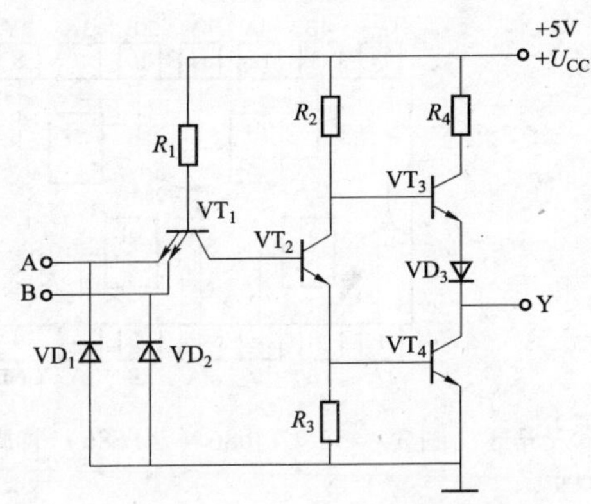

图 3－37　TTL 门电路

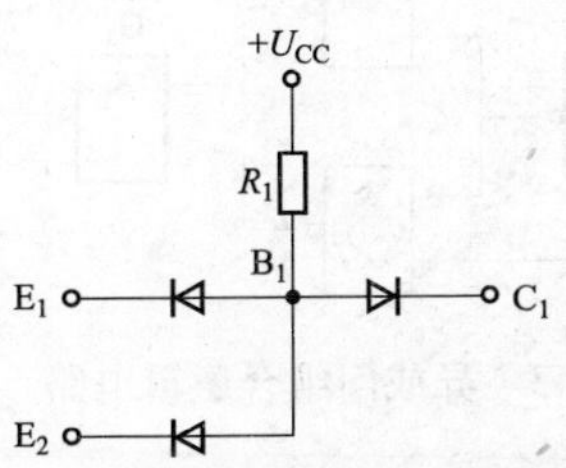

图 3－38　多发射极晶体管等效电路

CT4020（74LS20）由 2 个独立的与非门，每个与非门具有 4 个输入端。逻辑符号如图 3－42 所示、逻辑表达式为

$$Y=\overline{A\cdot B\cdot C\cdot D}$$

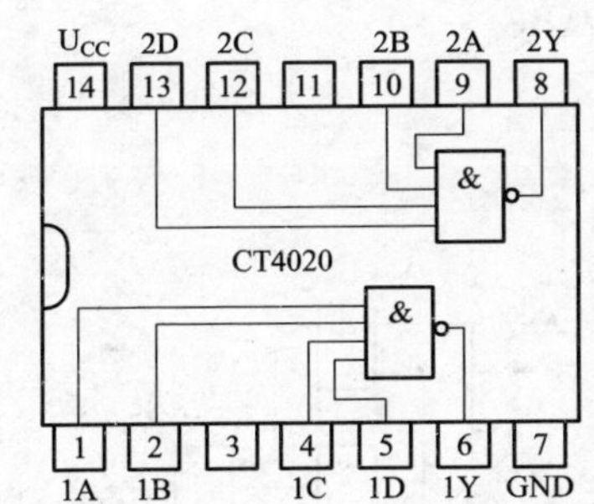

图 3－39　CT4020（74LS20）管脚图

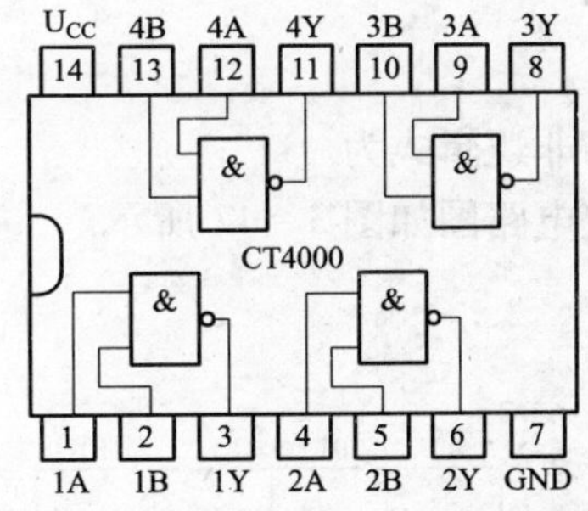

图 3－40　CT4000（74LS00）管脚图

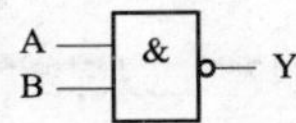

图 3－41　二输入与非门逻辑符号

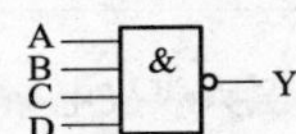

图 3－42　四输入与非门逻辑符号

（2）异或门电路。如图 3－43 所示电路由 4 个与非门构成，输出逻辑表达式为

$$Y=A\cdot\overline{B}+\overline{A}\cdot B$$

当输入 A 和 B 不是同为“1”或“0”时，输出为“1”；否则输出为“0”，这种电路称为异或门电路，逻辑符号如图 3－44 所示，其逻辑表达式为

$$A\oplus B=Y$$

本次实验使用 CT4086（74LS86）异或门，由 4 个独立的异或门组成，其管脚说明如图 3－45 所示。

2. 组合逻辑电路

组合逻辑电路是由门电路组成，其输出状态只取决于该时刻的输入状态，而与该时刻以

前的电路状态无关。例如故障报警电路、故障检测电路和水位检测电路等。下面由“与非门”和“异或门”设计三人表决电路和全加器。

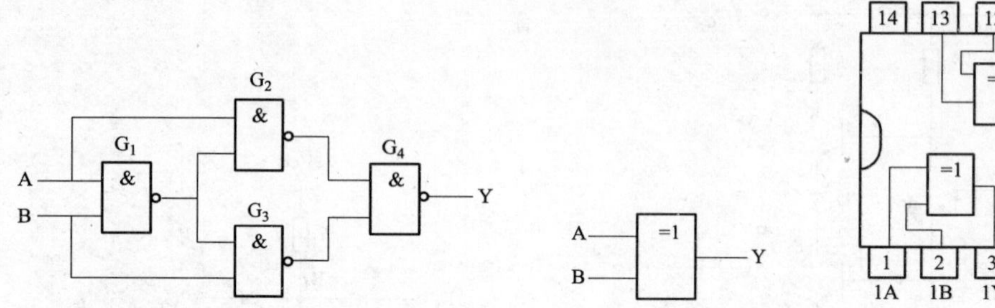

图 3-43　异或门组合逻辑电路　　图 3-44　二输入异或门逻辑符号　　图 3-45　CT4086（74LS86）管脚图

（1）三人表决电路。设计一个三人（A、B、C）表决电路。每人有一按键，如果赞同，按键，表示“1”；如不赞同，不按键，表示“0”。表决结果用指示灯表示，如果多数赞同即输入两个或两个以上为“1”，指示灯亮输出为“1”，反之灯不亮输出为“0”。

图 3-46 为三人表决电路的卡诺图，根据卡诺图写出输出逻辑表达式为

$$Y=\bar{A}BC+A\bar{B}C+AB\bar{C}+ABC$$

化简为

$$Y=BC+AC+AB$$

变换为与非逻辑式为

$$Y=\overline{\overline{AB}\cdot\overline{BC}\cdot\overline{AC}}$$

三人表决电路图如图 3-47 所示。

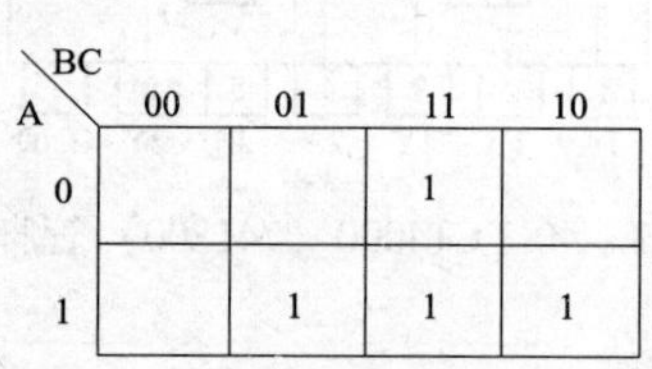

图 3-46　三人表决电路的卡诺图

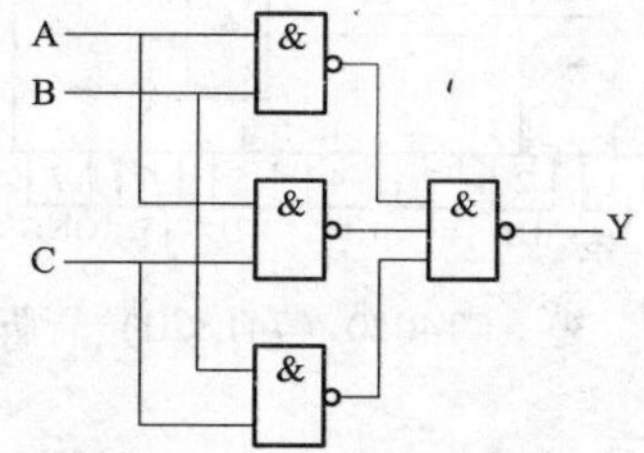

图 3-47　三人表决电路

（2）全加器。全加器的输入为两个加数 A_i、B_i 和低位进位 C_{i-1}，输出为 S_i 和向高位进位 C_i，其逻辑状态表为表 3-1 所示。输出与输入的逻辑关系式为

$$S_i=\bar{A}_i\bar{B}_iC_{i-1}+\bar{A}_iB_i\bar{C}_{i-1}+A_i\bar{B}_i\bar{C}_{i-1}+A_iB_iC_{i-1}=A_i\oplus B_i\oplus C_{i-1}$$

$$C_i=\bar{A}_iB_iC_{i-1}+A_i\bar{B}_iC_{i-1}+A_iB_i\bar{C}_{i-1}+A_iB_iC_{i-1}$$

$$=\overline{\overline{A_iB_i+A_iC_{i-1}+B_iC_{i-1}}}=\overline{\overline{A_iB_i}\cdot\overline{A_iC_{i-1}}\cdot\overline{B_iC_{i-1}}}$$

全加器电路由与非门和异或门组成如图 3-48 所示。

五、实验任务

1. TTL 与非门逻辑功能测试

按图 3-49 所示与非门逻辑功能测试电路接线，两个输入端接逻辑开关输出插口，开关

向上，输出逻辑“1”，向下为逻辑“0”。门的输出端接由 LED 发光二极管组成的逻辑电平显示器（又称 0－1 指示器）的显示插口，LED 亮为逻辑“1”，不亮为逻辑“0”。

表 3－1　　逻辑状态表

输入			输出	
A_i	B_i	C_{i-1}	S_i	C_i
0	0	0	0	0
0	0	1	1	0
0	1	0	1	0
0	1	1	0	1
1	0	0	1	0
1	0	1	0	1
1	1	0	0	1
1	1	1	1	1

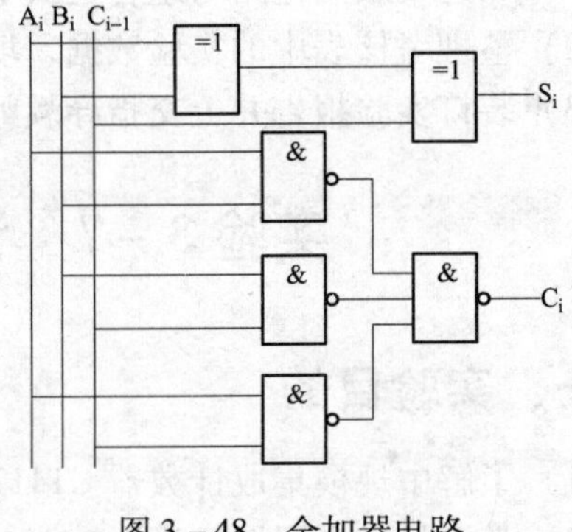

图 3－48　全加器电路

测试集成块中三个与非门的逻辑功能，按考核表“与非门”输入 A、B 值，将测试结果记入表中。

2. 异或门逻辑功能测试

按图 3－50 所示异或门逻辑功能测试电路接线，异或门两个输入端接逻辑开关输出插口，输出端接由 LED 发光二极管组成的逻辑电平显示器显示插口。

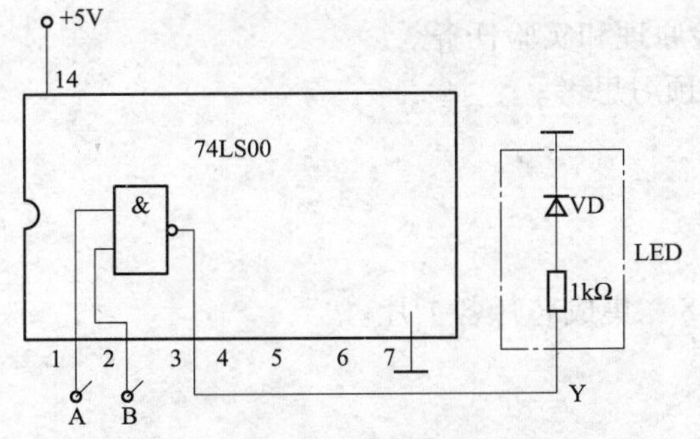

图 3－49　TTL 与非门逻辑功能测试电路图

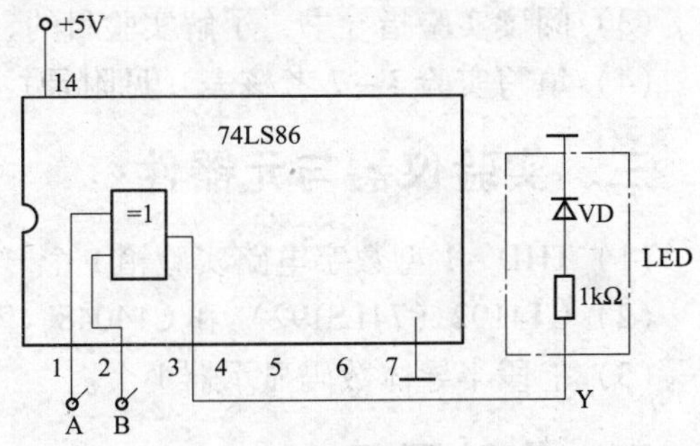

图 3－50　异或门逻辑功能测试电路

测试集成块中两个异或门的逻辑功能，按考核表“异或门”输入 A、B 值，将测试结果记入表中。

3. 三人表决电路测试

从 CT4000（74LS00）中选定两输入与非门三个，从 CT4020（74LS20）中选定四输入与非门一个将其中两个输入端连接形成三输入端与非门供实验使用，按图 3－47 所示电路接线，输入端接逻辑开关输出插口，输出端接由 LED 发光二极管组成的逻辑电平显示器的显示插口。按考核表中三人表决真值表验证表决电路的逻辑功能。

4. 全加器电路测试

从 CT4086（74LS86）中选定两输入异或门在三人表决电路的基础上按图 3－48 所示电路接入异或门，输出端接由 LED 发光二极管组成的逻辑电平显示器的显示插口，按考核表中全加器真值表验证全加器电路的逻辑功能。

六、实验报告

（1）叙述集成门电路与组合逻辑电路实验的实验目的、实验原理和实验任务。
（2）整理考核表中的实验数据，填写实验总结。
（3）装订实验报告并上交指导教师。

实验 3－7　计数、译码、显示电路

一、实验目的

（1）了解中规模集成计数器 CT4192（74LS192）的使用方法。
（2）学习显示译码器的逻辑功能。
（3）掌握七段数码显示器的逻辑功能与使用方法。
（4）学习搭建计数、译码、显示电路。

二、预习要求

（1）预习计数、译码和显示电路的工作原理。
（2）了解 CT4192（74LS192）和 CT4048（74LS48）集成芯片管脚功能和使用方法。
（3）阅读实验指导书，了解实验目的、实验原理和实验任务。
（4）填写实验 3－7 考核表（见附录）中的预习思考。

三、实验仪器与元器件

（1）THD－1 型数字电路实验箱 1 个。
（2）CT4192（74LS192）和 CT4048（74LS48）集成芯片各 1 片。
（3）七段半导体数码显示器 1 个。

四、实验原理

计数器是一个用以实现计数功能的时序部件，它不仅可用来计脉冲数，还常用作数字系统的定时、分频和执行数字运算以及其他特定的逻辑功能。

计数器种类很多。按构成计数器中的各触发器是否使用一个时钟脉冲源来分，有同步计数器和异步计数器。根据数制的不同，分为二进制计数器、十进制计数器和任意进制计数器。根据计数的增减趋势，又分为加法、减法和可逆计数器。还有可预置数和可编程序功能计数器等。目前，无论是 TTL 还是 CMOS 集成电路，都有品种较齐全的中规模集成计数器。使用者只要借助于器件手册提供的功能表和工作波形图以及引出端的排列，就能正确地运用这些器件。

1. 中规模十进制计数器

CT4192（74LS192）是同步十进制可逆计数器，具有双时钟输入，并具有置数和清零功能，其引脚排列及逻辑符号如图 3－51 所示。

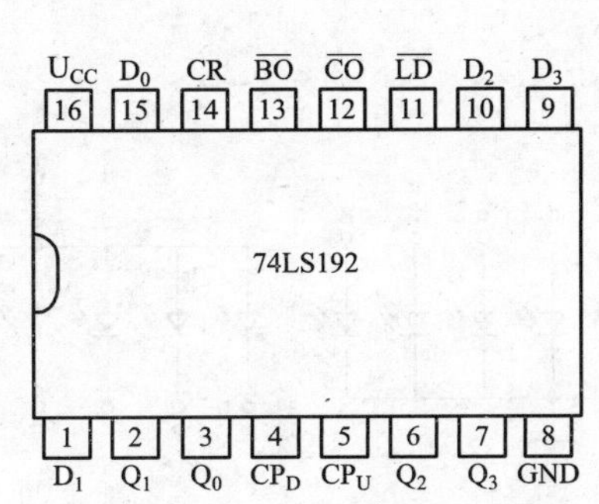

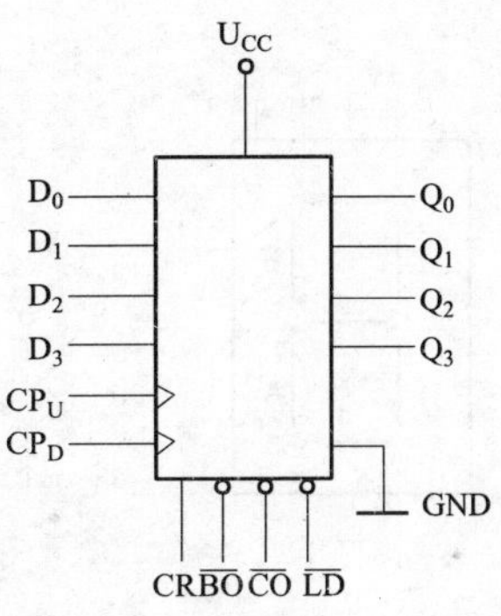

图 3 - 51　CT4192（74LS74）引脚排列及逻辑符号

图中$\overline{LD}$为置数端，CP_U 为加计数端，CP_D 为减计数端，$\overline{CO}$为非同步进位输出端，$\overline{BO}$为非同步借位输出端，D_0、D_1、D_2、D_3 为计数器输入端，CR 为清零端，Q_0、Q_1、Q_2、Q_3 为数据输出端。

CT4192（74LS192）的功能见表 3 - 2。

表 3 - 2　　CT4192（74LS192）的功能表

输入								输出			
CR	$\overline{LD}$	CP_U	CP_D	D_3	D_2	D_1	D_0	Q_3	Q_2	Q_1	Q_0
1	×	×	×	×	×	×	×	0	0	0	0
0	0	×	×	d	c	b	a	d	c	b	a
0	1	↑	1	×	×	×	×	加计数			
0	1	1	↑	×	×	×	×	减计数			

当清除端 CR 为高电平“1”时，计数器直接清零，CR 置低电平则执行其他功能；当 CR 为低电平，置数端$\overline{LD}$也为低电平时，数据直接从置数端 D_0、D_1、D_2、D_3 置入计数器；当 CR 为低电平，$\overline{LD}$为高电平时，执行计数功能。执行加计数时，减计数端 CP_D 接高电平“1”，计数脉冲由 CP_U 输入；在计数脉冲上升沿“↑”时进行 8421 码十进制加法计数。执行减计数时则相反，当加计数端 CP_U 接高电平“1”，计数脉冲由减计数端 CP_D 输入，在计数脉冲上升沿“↑”时进行 8421 码十进制减法计数。

2. 数码显示器

常用的显示器件有半导体数码管、液晶数码管和荧光数码管等。半导体数码管（或称 LED 数码管）的基本单元是发光二极管 LED，它将十进制数码分成七个字段，每段为一发光二极管，其字形结构如图 3 - 52 所示。选择不同字段发光，可显示出不同的字形。例如，当 a、b、c、d、e、f、g 七个字段全亮时，显示出“8”；b、c 段亮时，显示出“1”。

半导体数码管中七个发光二极管有共阴极和共阳极两种接法，如图 3 - 53 所示。前者，某一字段接高电平时发光；后者，接低电平时发光。使用时每个管要串联限流电阻。显示译码器输出高电平有效时，需选用共阴极数码显示器；译码器输出低电平有效时，需选用共阳极数码显示器。

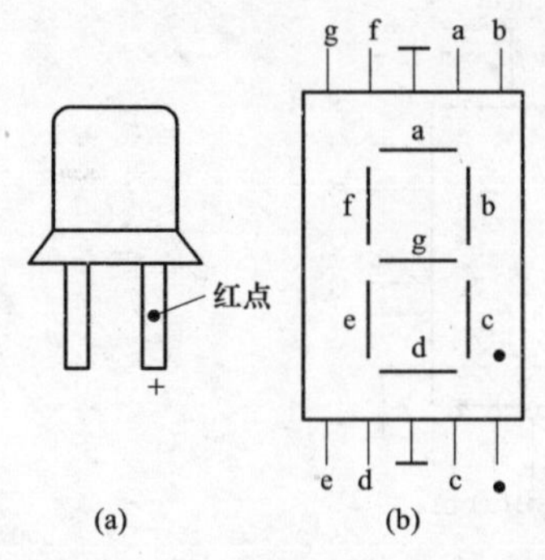

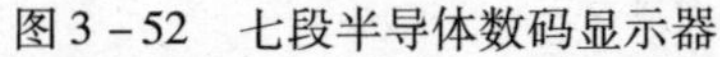

图 3－52　七段半导体数码显示器

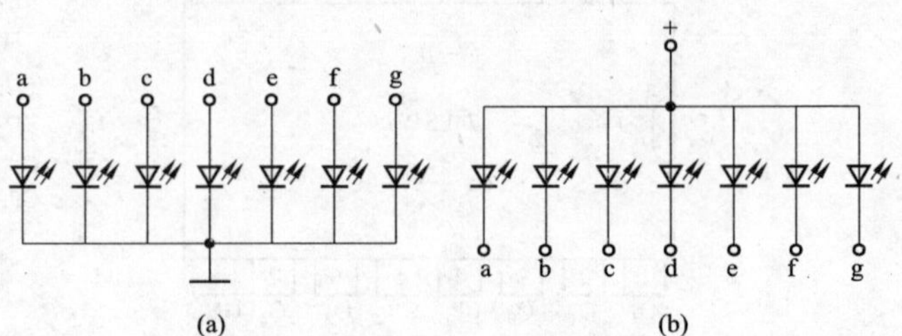

图 3－53　半导体数码管的两种接法

（a）共阴极；（b）共阳极

3. 七段显示译码器

七段显示译码器的功能是将“8421”二—十进制代码译成对应于数码管的七个字段信号，驱动数码管，显示出相应的十进制数码。74LS48 型译码器输出高电平有效应采用共阴极数码管，图 3－54 所示是它的引脚排列图和逻辑符号。从图中看出它有四个输入端 A、B、C、D 和七个输出端 $Y_a \sim Y_g$（高电平有效），前者接计数器，后者接七段数码管。表 3－3 是 74LS48 型译码器的功能表，三个输入控制端的功能如下：

（1）试灯输入端$\overline{LT}$。用来检验数码管的七段是否正常工作。当$\overline{BI}=1$，$\overline{LT}=0$ 时，无论 A、B、C、D 为何状态，输出 $Y_a \sim Y_g$ 均为“1”，数码管七段全亮，显示“8”字。

（2）灭灯输入端$\overline{BI}$。当$\overline{BI}=0$，无论其他输入信号为何状态，输出 $Y_a \sim Y_g$ 均为 0，七段全灭，无显示。

（3）灭 0 输入端$\overline{RBI}$。当$\overline{LT}=1$，$\overline{BI}=0$，$\overline{RBI}=0$，只有当 A、B、C、D＝0000 时，输出 $Y_a \sim Y_g$ 均为 0，不显示“0”字；这时，如果$\overline{RBI}=1$，则译码器正常输出，显示“0”。当 A、B、C、D 为其他组合时，不论RBI为 0 或 1，译码器均可正常输出。此输入控制信号常用来消除无效 0。例如，可消除 000.001 前两个 0，则显示出“0.001”。

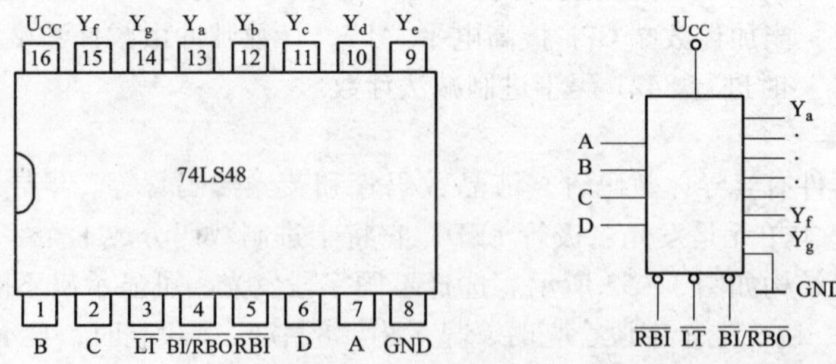

图 3－54　74LS48 型七段显示译码器的引脚排列图和逻辑符号

上述三个输入控制端均为低电平有效，在正常工作时均接高电平。

表 3－3　　74LS48 型译码器功能表

功能	输入						$\overline{BI}/\overline{RBO}$	输出							字形
	$\overline{LT}$	$\overline{RBI}$	D	C	B	A		Y_a	Y_b	Y_c	Y_d	Y_e	Y_f	Y_g	
试灯	0	×	×	×	×	×	1	1	1	1	1	1	1	1	8
灭灯	×	×	×	×	×	×	0	0	0	0	0	0	0	0	全灭
灭 0	1	0	0	0	0	0	0	0	0	0	0	0	0	0	灭 0
0	1	1	0	0	0	0	1	1	1	1	1	1	1	0	0
1	1	×	0	0	0	1	1	0	1	1	0	0	0	0	1
2	1	×	0	0	1	0	1	1	1	0	1	1	0	1	2
3	1	×	0	0	1	1	1	1	1	1	1	0	0	1	3
4	1	×	0	1	0	0	1	0	1	1	0	0	1	1	4
5	1	×	0	1	0	1	1	1	0	1	1	0	1	1	5
6	1	×	0	1	1	0	1	0	0	1	1	1	1	1	6
7	1	×	0	1	1	1	1	1	1	1	0	0	0	0	7
8	1	×	1	0	0	0	1	1	1	1	1	1	1	1	8
9	1	×	1	0	0	1	1	1	1	1	0	0	1	1	9

五、实验任务

1. 74LS192 同步十进制可逆计数器功能的测试

计数脉冲由单次脉冲源提供，清除端 CR、置数端$\overline{LD}$、数据输入端和 D_3、D_2、D_1、D_0 分别接逻辑开关，数据输出端 Q_3、Q_2、Q_1、Q_0 接逻辑电平显示插口。

（1）清除与置数。令 CR＝1，其他输入任意状态，将观察到的 $Q_3Q_2Q_1Q_0$ 计数器输出状态，记录于考核表中。清除功能完成后，置 CR＝0，CP_U 和 CP_D 任意，数据输入端输入任意一组二进制数，令$\overline{LD}$＝0，将观察到的 $Q_3Q_2Q_1Q_0$ 计数器输出状态，记录于考核表中，置数功能完成后，置$\overline{LD}$＝1。

（2）加计数。令 CR＝0，$\overline{LD}$＝CP_D＝1，CP_U 接单次脉冲源。清零后送入 10 个单次脉冲，观察译码数字显示是否按 8421 码十进制状态转换表进行，输出状态变化发生在 CP_U 的上升沿还是下降沿，将观察结果记录于考核表中。

（3）减计数。CR＝0，$\overline{LD}$＝CP_U＝1，CP_D 接单次脉冲源。清零后送入 10 个单次脉冲，观察计数器输出显示是否按 8421 码十进制状态转换表进行，输出状态变化发生在 CP_D 的上升沿还是下降沿，将观察结果记录于考核表中。

2. * 七段显示译码器功能测试

试灯输入端$\overline{LT}$、灭 0 输入端$\overline{RBI}$、灭灯输入端$\overline{BI}$和四个译码输入端 A、B、C、D 分别接逻辑开关，七个输出端 Y_a ~ Y_g 接逻辑电平显示插口。

（1）试灯功能测试。令$\overline{BI}$＝1，$\overline{LT}$＝0，灭 0 输入端$\overline{RBI}$和四个译码输入端 A、B、C、D 任意状态，观察输出 Y_a ~ Y_g 的状态，将数码管七段显示的数字记录于考核表中。

（2）灭灯功能测试。令$\overline{BI}$＝0，$\overline{RBI}$＝0，$\overline{LT}$＝1，四个译码输入端 A、B、C、D 任意状

态，观察输出 $Y_a \sim Y_g$ 的状态，将数码管七段显示的数字记录于考核表中。

(3) 灭 0 功能测试。令当$\overline{LT}=1$，$\overline{BI}=0$，$\overline{RBI}=0$，四个译码输入端 A、B、C、D = 0000，观察输出 $Y_a \sim Y_g$ 的状态，将数码管七段显示的数字记录于考核表中，将$\overline{RBI}$置为 1，观察输出 $Y_a \sim Y_g$ 的状态，将数码管七段显示的数字记录于考核表中，按考核表中七段显示译码器功能项设置 A、B、C、D 的不同组合，将$\overline{RBI}$分别为置 1 和 0 观察输出 $Y_a \sim Y_g$ 的状态。

3. 计数、译码、显示电路

将 74LS192 计数器和 74LS48 译码器芯片 16 管脚接 +5V 电源，8 管脚接地，将数码管公共端接地按图 3-55 连接好电路，令 CR = 0，$\overline{LD}=CP_D=1$，CP_U 接单次脉冲源。计数器清零后送入 9 个单次脉冲，观察七段码管是否按加计数规律依次显示数字 0、1、2、…、9，再令 CR = 0，$\overline{LD}=CP_U=1$，CP_D 接单次脉冲源。CP_D 端送入 9 个单次脉冲，观测七段码管是否按减计数规律依次显示数字 9、8、7、…、0。

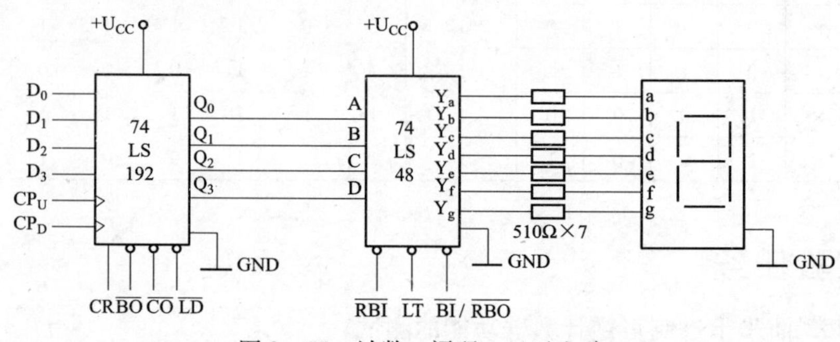

图 3-55　计数、译码、显示电路

六、实验报告

(1) 叙述计数、译码、显示电路实验的实验目的和实验任务。

(2) 整理考核表中实验数据，填写实验总结。

(3) 装订实验报告并上交指导教师。

实验 3-8　编码器、译码器与数据分配、选择电路

一、实验目的

(1) 掌握编码器、译码器的逻辑功能及其应用。

(2) 学习 8/3 线优先编码器 74LS148、3/8 线译码器 74LS138、双 2/4 线译码器 74LS139、双 4 选 1 数据选择器 74LS153 的逻辑功能和使用方法。

(3) 掌握数据分配器、数据选择器的逻辑功能及其应用。

(4) 进一步熟悉组合逻辑电路的设计过程及原理。

二、实验预习

(1) 复习编码器、译码器数据分配和选择电路的工作原理。

（2）复习 8/3 线优先编码器 74LS148、3/8 线译码器 74LS138、双 2/4 线译码器 74LS139、双 4 选 1 数据选择器 74LS153 的逻辑功能和使用方法。

（3）阅读实验指导书，了解实验目的、实验原理和实验任务。

（4）填写实验 3－8 考核表（见附录）中的预习思考。

三、实验仪器与元器件

（1）THD－1 型数字电路实验箱 1 台。

（2）TTL 数字集成芯片 74LS148、74LS138、74LS139、74LS153 各 1 片。

四、实验原理

1. 编码器

编码是指用二进制码来表示一个特定的信息，用来完成编码工作的电路称为编码器。编码器中除一般编码器外，还有优先编码器，它能识别信号的优先级别，并进行编码。74LS148 是一种 8/3 线优先编码器，它的逻辑功能示意图和集成芯片引脚图，如图 3－56 所示，它的逻辑真值表见表 3－4。

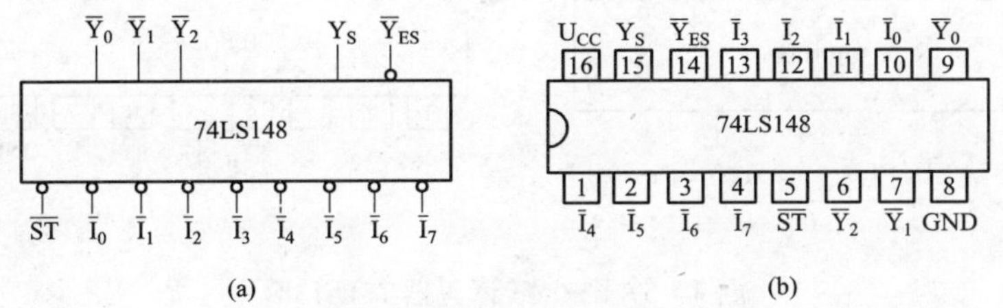

图 3－56　8/3 线优先编码器 74LS148

（a）功能示意图；（b）引脚图

$\overline{I}_0$ ~ $\overline{I}_7$—信号输入端（低电平有效）；$\overline{Y}_0$ ~ $\overline{Y}_2$—编码输出端（低电平有效）

Y_S—选通输出端；$\overline{ST}$—选通输入端（低电平有效）；$\overline{Y}_{ES}$—扩展端（低电平有效）

表 3－4　　8/3 线优先编码器 74LS148 真值表

输入									输出				
$\overline{ST}$	$\overline{I}_0$	$\overline{I}_1$	$\overline{I}_2$	$\overline{I}_3$	$\overline{I}_4$	$\overline{I}_5$	$\overline{I}_6$	$\overline{I}_7$	$\overline{Y}_2$	$\overline{Y}_1$	$\overline{Y}_3$	Y_S	$\overline{Y}_{ES}$
1	×	×	×	×	×	×	×	×	1	1	1	1	1
0	1	1	1	1	1	1	1	1	1	1	1	0	1
0	×	×	×	×	×	×	×	0	0	0	0	1	0
0	×	×	×	×	×	×	0	1	0	0	1	1	0
0	×	×	×	×	×	0	1	1	0	1	0	1	0
0	×	×	×	×	0	1	1	1	0	1	1	1	0
0	×	×	×	0	1	1	1	1	1	0	0	1	0
0	×	×	0	1	1	1	1	1	1	0	1	1	0
0	×	0	1	1	1	1	1	1	1	1	0	1	0
0	0	1	1	1	1	1	1	1	1	1	1	1	0

该器件有 8 个信号输入端口$\overline{I}_0 \sim \overline{I}_7$，一个选通输入$\overline{ST}$，3 个编码输出端$\overline{Y}_0 \sim \overline{Y}_2$，一个选通输出端 Y_S 和一个扩展端$\overline{Y}_{ES}$。

当 $\overline{ST}=1$ 时，不论 8 个信号输入端为何种状态，3 个编码输出端均为“1”状态，且 Y_S 和$\overline{Y}_{ES}$都为“1”，编码器不工作。

当 $\overline{ST}=0$ 时，信号输入端全为“1”时，Y_S 就为“0”；否则就为“1”，且信号输入端优先级别的次序是$\overline{I}_7$、$\overline{I}_6$、$\overline{I}_0$，当某一输入端有“0”输入，而且比它的优先级别高的输入端无“0”输入时，输出端才输出其相对应的代码。

当 $\overline{ST}=1$ 时，$\overline{I}_0 \sim \overline{I}_7$ 都为“1”时，$Y_{EX}=0$。把 Y_{EX}端与相同器件的$\overline{ST}$端相接，可以构成更多输入端的优先编码器。

2. 译码器

译码器是编码的逆过程，即把每组代码译成一个特定的输出信号。74LS138 是常用的 3/8 线译码器，它的逻辑功能示意图和芯片引脚图如图 3－57 所示，它的功能真值表见表 3－5。

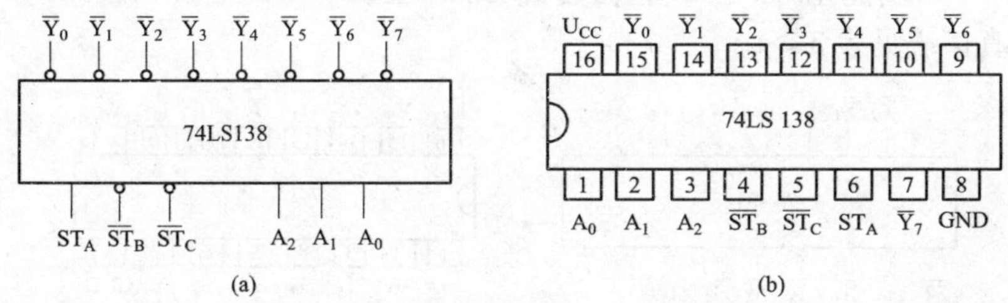

图 3－57　3/8 线译码器 74LS138

（a）功能示意图；（b）引脚图

引出端符号：$A_0 \sim A_2$—地址输入端；$\overline{ST}_B$、$\overline{ST}_C$—选通端（低电平有效）；

$\overline{ST}_A$—选通端（高电平有效）；$\overline{Y}_0 \sim \overline{Y}_7$—译码输出端（低电平有效）

表 3－5　　3/8 线译码器 74LS138 真值表

输入					输出							
ST_A	$\overline{ST}_B+\overline{ST}_C$	A_2	A_0	A_1	$\overline{Y}_0$	$\overline{Y}_1$	$\overline{Y}_2$	$\overline{Y}_3$	$\overline{Y}_4$	$\overline{Y}_5$	$\overline{Y}_6$	$\overline{Y}_7$
×	1	×	×	×	1	1	1	1	1	1	1	1
0	×	×	×	×	1	1	1	1	1	1	1	1
1	0	0	0	0	0	1	1	1	1	1	1	1
1	0	0	0	1	1	0	1	1	1	1	1	1
1	0	0	1	0	1	1	0	1	1	1	1	1
1	0	0	1	1	1	1	1	0	1	1	1	1
1	0	1	0	0	1	1	1	1	0	1	1	1
1	0	1	0	1	1	1	1	1	1	0	1	1
1	0	1	1	0	1	1	1	1	1	1	0	1
1	0	1	1	1	1	1	1	1	1	1	1	0

该器件有 3 个输入端 A_0、A_1、A_2，代表 3 位二进制数，有 8 个输出端$\overline{Y}_0$ ~ $\overline{Y}_7$（低电平有效），分别译出 8 个输入状态，另有 3 个选通端，其中，$\overline{ST}_B$、$\overline{ST}_C$ 为低电平输入有效，ST_A 为高电平输入有效，译码扩展时选通端能减少外接门的数量。

3. 数据分配器

数据分配器是把一个数据按地址要求送到输出端，实际上就是利用译码器实现信号的分路作用。

双 2/4 线译码器 74LS139 可以作为数据分配器来用，74LS139 的功能示意图和芯片引脚图如图 3－58 所示，其功能真值表见表 3－6。

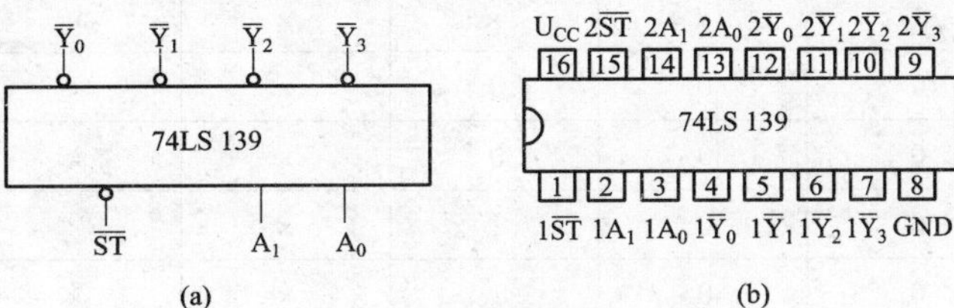

图 3－58　双 2/4 线译码器 74LS139

（a）功能示意图；（b）引脚图

A_1、A_0—地址输入端；$\overline{Y}_0$ ~ $\overline{Y}_3$—译码输出端（低电平有效）；

$\overline{ST}$—选通端（低电平有效）

表 3－6　　2/4 线译码器 74LS139 真值表

输入			输出			
$\overline{ST}$	A_1	A_0	$\overline{Y}_0$	$\overline{Y}_1$	$\overline{Y}_2$	$\overline{Y}_3$
1	×	×	1	1	1	1
0	0	0	0	1	1	1
0	0	1	1	0	1	1
0	1	0	1	1	0	1
0	1	1	1	1	1	0

74LS139 的选通端$\overline{ST}=1$ 时，输出端全为“1”，分配器不工作；当$\overline{ST}=0$ 时，输出端按 A_1A_0 给出的地址要求，在相应的输出端输出“0”信号。所以，当选通端作为数据端使用时，此译码器可作为数据分配器用，即按输入地址要求，把数据送到相应的输出端。

4. 数据选择器

数据选择器的逻辑功能与数据分配器的逻辑功能相反，它的作用是从多通道数据中选择某一通道的数据送到输出端，即从 N 线转换到一线。

本实验采用双 4 选 1 数据选择器 74LS153，其逻辑功能示意图和芯片引脚图如图 3－59 所示，其逻辑真值表见表 3－7。

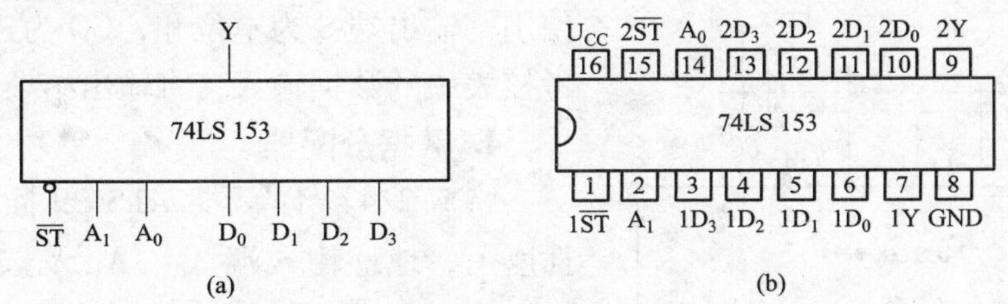

图 3－59　双 4 选 1 数据选择器 74LS153

（a）功能示意图；（b）引脚图

引出端符号：A_0、A_1—选择输入端；D_0 ~ D_3—数据输入端；$\overline{ST}$—选通端（低电平有效）；Y—数据输出端

表 3-7　　双 4 选 1 数据选择器 74LS153

输入							输出
$\overline{ST}$	A_1	A_0	D_3	D_2	D_1	D_0	Y
1	×	×	×	×	×	×	0
0	0	0	×	×	×	0	0
0	0	0	×	×	×	1	1
0	0	1	×	×	0	×	0
0	0	1	×	×	1	×	1
0	1	0	×	0	×	×	0
0	1	0	×	1	×	×	1
0	1	1	0	×	×	×	0
0	1	1	1	×	×	×	1

74LS153 的选通端$\overline{ST}=1$ 时，输出为“0”，选择器不工作；当$\overline{ST}=0$ 时，选择器工作，其输出端的数据即为选择输入端地址所对应的某一通道的数据。

五、实验任务

1. 编码器

将 8/3 线优先编码器 74LS148 插入备用的 16 脚插座上，输入$\overline{I}_0 \sim \overline{I}_7$ 接 15 位逻辑电平输出端，输入选通端$\overline{ST}$接逻辑开关，输出端$\overline{Y}_0 \sim \overline{Y}_2$ 及选通输出端 Y_S 扩展端$\overline{Y}_{EX}$接逻辑电平显示器。按表 3-3 的要求输入，观察输出状态是否与表 3-3 相符。

2. 译码器

把 3/8 线译码器 74LS138 插入备用的 16 脚插座上，A_0、A_1、A_2、ST_A、$\overline{ST}_B$、$\overline{ST}_C$ 分别接逻辑开关（相同状态可接在一起），输出端$\overline{Y}_0 \sim \overline{Y}_7$ 分别接逻辑电平显示器，接通电源，验证其译码功能是否与表 3-4 相符。

3. 译码器构成全加器

用译码器 74LS138 和与非门 74LS20 构成全加器，按图 3-60 接线，将 ST_A 端接高电平，将$\overline{ST}_B$、$\overline{ST}_C$ 端接低电平，将地址输入端 A_0、A_1、A_2 分别作为被加数 A、加数 B 和低位进位数 C 来使用，输出端 S 为本位和，CO 为进位输出端。按考核表中的数据输入，将输出结果记入考核表中。

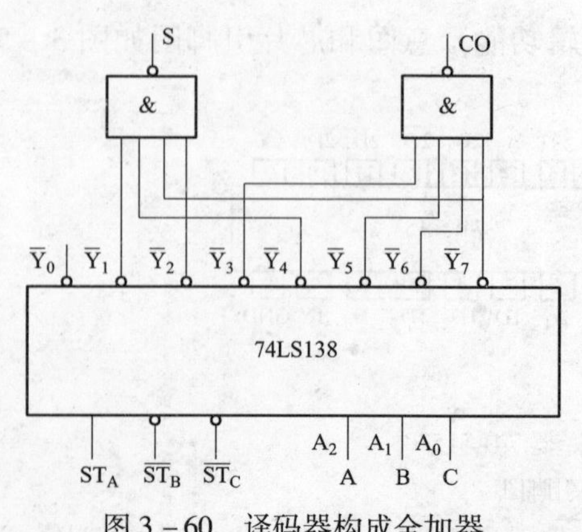

图 3-60　译码器构成全加器

4. 数据分配器

将双 2/4 线译码器 74LS139 插入备用的 16 脚插座上，地址输入端 A_0、A_1 及选通输入端$\overline{ST}$分别接逻辑开关，输出端$\overline{Y}_3 \sim \overline{Y}_0$ 接电平指示灯。由地址输入端输入一个地址码时，将$\overline{ST}$端分别置“0”和置“1”，观察输出端指示灯的变化，将输出结果记入考核表中。验证输出结果是否符合数据分配器的逻辑功能。

5. *数据选择器

将双4选1数据选择器74LS153插入16脚备用插座上，选择输入端 A_0、A_1 分别接逻辑开关，数据输入端 D_3 ~ D_0 按“0”或“1”分别接地或悬空，选通端 $\overline{ST}$ 接“0”，改变输入地址，验证表3-6的逻辑功能。

六、实验报告

(1) 叙述编码器、译码器与数据分配、选择电路实验的实验目的、实验原理和实验任务。

(2) 整理考核表中实验数据，填写实验总结。

(3) 装订实验报告并上交指导教师。

实验3-9 触发器及其应用

一、实验目的

(1) 学习搭建基本RS触发器的电路。

(2) 了解双D触发器CT4074 (74LS74) 和双JK触发器CT4112 (74LS112) 管脚排列。

(3) 验证基本RS触发器、D触发器和JK触发器的逻辑功能。

(4) 学习触发器之间转换的方法。

二、预习要求

(1) 预习RS触发器的电路组成和逻辑功能。

(2) 复习双JK触发器CT4112 (74LS112) 和D双触发器CT4074 (74LS74) 的组成及逻辑功能，了解触发器之间相互转换的方法。

(3) 阅读实验指导书，了解实验内容、实验步骤和实验任务。

(4) 填写实验3-9考核表（见附录）中的预习思考。

三、实验仪器与元器件

(1) THD-1型数字电路实验箱1台。

(2) 双JK触发器CT41127 (4LS112) 和双触发器CT4074 (74LS74) 数字集成电路芯片各1片。

(3) CT4000 (74LS00) 与非门数字集成电路芯片1片。

四、实验原理

触发器按其稳定状态可分为双稳态触发器、单稳态触发器和无稳态触发器。双稳态触发器具有两个稳定状态，在一定的输入信号作用下，可以从一个稳定状态翻转到另一个稳定状态，它是一个具有记忆功能的二进制信息存储器件，是构成各种时序电路的最基本逻辑单元。按触发器的功能可分为RS触发器、JK触发器、D触发器和T触发器等。

1. 基本 RS 触发器

图 3－61 为由两个与非门交叉连接构成的基本 RS 触发器，它是无时钟控制低电平直接触发的触发器。基本 RS 触发器具有置“0”、置“1”和“保持”三种功能。表 3－8 为基本 RS 触发器的逻辑状态表。

2. 可控 RS 触发器

基本 RS 触发器是各种双稳态触发器的共同部分，加上引导电路或控制电路便构成可控 RS 触发器，图 3－62 为可控 RS 触发器逻辑符号，表 3－9 为其逻辑状态表。

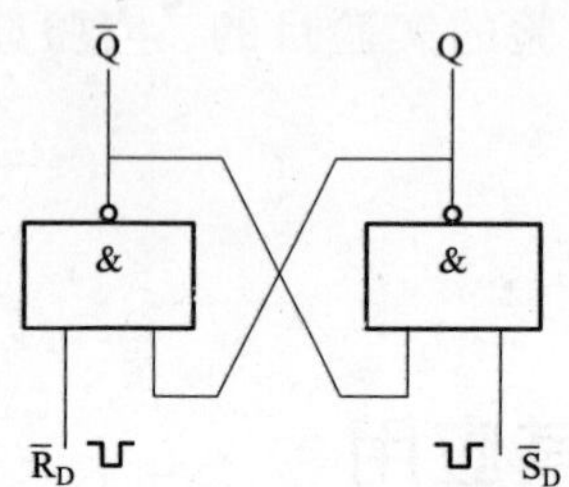

图 3－61　基本 RS 触发器

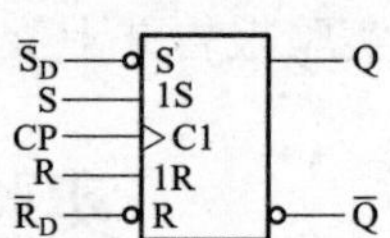

图 3－62　可控 RS 触发器逻辑符号

表 3－8　逻辑状态表（一）

输入		输出	
$\overline{S}$	$\overline{R}$	Q_{n+1}	功能
0	0	Φ	不定态（禁用）
0	1	1	置“1”
1	0	0	置“0”
1	1	Q_n	保持

表 3－9　逻辑状态表（二）

输入		输出	
S	R	Q_{n+1}	功能
0	0	Q_n	保持
0	1	0	置“0”
1	0	1	置“1”
1	1	Φ	不定态（禁用）

3. JK 触发器

如图 3－63 所示是主从型 JK 触发器的结构图，它由两个可控 RS 触发器串联组成，J 和 K 是信号输入端，主从型 JK 触发器具有在时钟脉冲 CP 从“1”下跳为“0”时（即时钟脉冲下降沿）翻转的特点，JK 触发器引脚排列及逻辑符号如图 3－64 所示，表 3－10 为其逻辑状态表。JK 触发器常被用作缓冲存储器，移位寄存器和计数器。本实验采用 C4112（74LS112）双 JK 触发器。

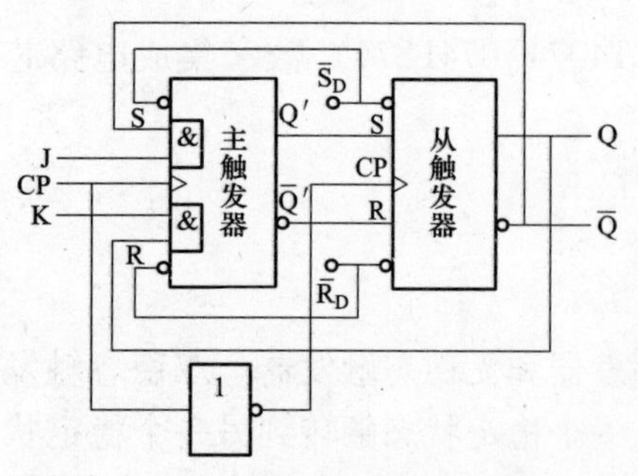

图 3－63　主从型 JK 触发器的结构图

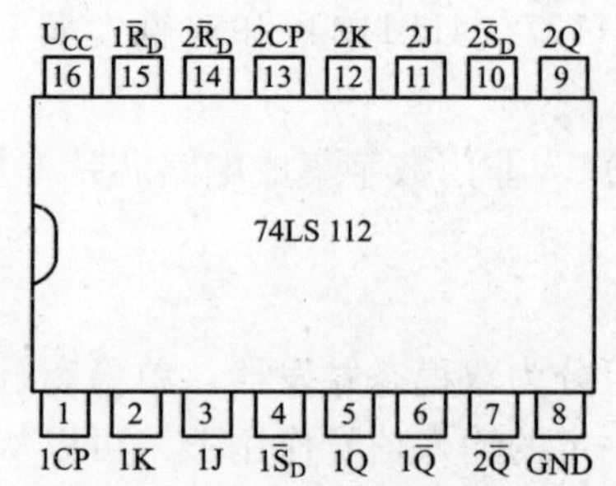

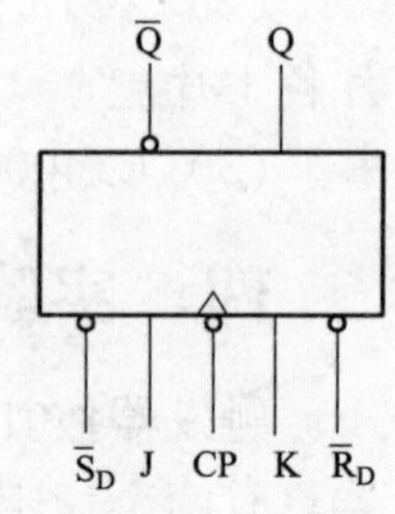

图 3－64　74LS112 双 JK 触发器引脚排列和逻辑符号

表 3-10　　逻辑状态表

输入		输出		
J	K	Q^{n+1}	$\overline{Q}^{n+1}$	功能
0	0	Q^n	$\overline{Q}^n$	保持
1	0	1	0	置“1”
0	1	0	1	置“0”
1	1	$\overline{Q}^n$	Q^n	计数

4. D 触发器

在输入信号为单端的情况下，触发器用起来最为方便，其状态方程为 $Q^{n+1}=D^n$，其输出状态的更新发生在 CP 脉冲的上升沿，D 触发器又称为上升沿触发的边沿触发器，D 触发器的应用很广，可用作数字信号的寄存，移位寄存，分频和波形发生等。有很多种型号可供各种用途的需要而选用。如 C4074（74LS74）双 D、（74LS175）四 D 和 74（74LS174）六 D 触发器等。

图 3-65 为 C4074（74LS74）双 D 触发器的引脚排列和逻辑符号。表 3-11 为其逻辑状态表。

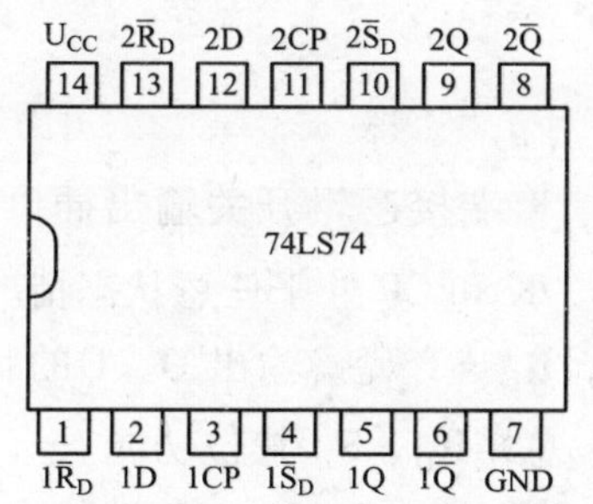

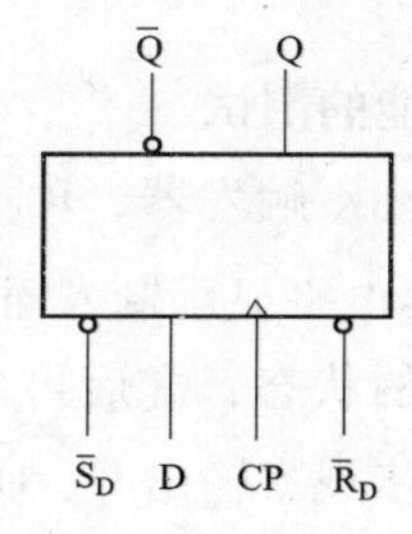

图 3-65　74LS74 双触发器引脚排列和触发器逻辑符号

表 3-11　　逻辑状态表（一）

输入	输出
D	Q_{n+1}
1	1
0	0

5. 触发器之间的相互转换

在集成触发器的产品中，每一种触发器都有自己固定的逻辑功能。但可以利用转换的方法获得具有其他功能的触发器。例如将 JK 触发器的 J、K 两端连在一起，如图 3-66（a）所示，表 3-12 为触发器的逻辑状态表，由表 3-12 可见，当 T=0 时，时钟脉冲作用后，其状态保持不变；当 T=1 时，时钟脉冲作用后，触发器状态翻转。所以，若将触发器的 T

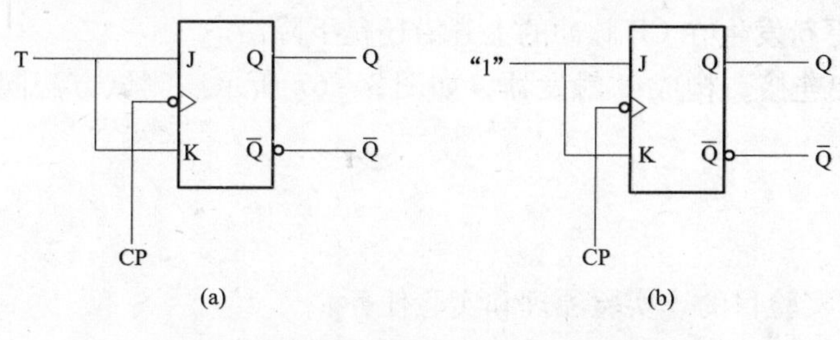

图 3-66　JK 触发器转换为 T、T′触发器
（a）T 触发器；（b）T′触发器

表 3-12　　逻辑状态表（二）

输入	输出
T	Q_{n+1}
0	Q_n
1	$\overline{Q}_n$

端置“1”，如图3－66（b）所示，即得T′触发器，CP端每来一个CP脉冲信号，触发器的状态就翻转一次，故称之为反转触发器，T′触发器广泛用于计数电路中。

若将D触发器$\overline{Q}$端与D端相连，便转换成T′触发器，如图3－67所示。JK触发器也可转换为D触发器，如图3－68所示。

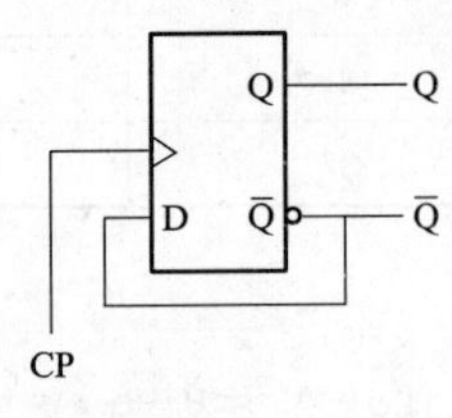

图3－67　转成T′触发器

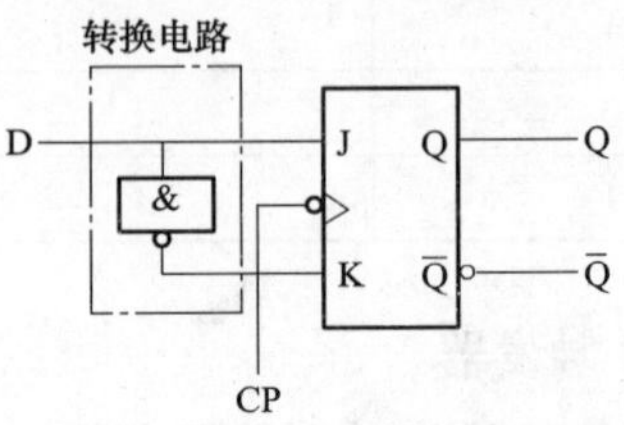

图3－68　转成D触发器

五、实验任务

1. 基本RS触发器逻辑功能的测试

按图3－61，用两个与非门组成基本RS触发器，输入端$\overline{R}$、$\overline{S}$接逻辑开关的输出插口，输出端Q、$\overline{Q}$接逻辑电平显示输入插口，按考核表中要求测试基本RS触发器的逻辑功能，将测试结果记录下来。

2. 双JK触发器74LS112逻辑功能的测试

（1）$\overline{R}_D$、$\overline{S}_D$置位功能。任取一只JK触发器，$\overline{R}_D$、$\overline{S}_D$、J、K端接逻辑开关输出插口，CP端接单次脉冲源，Q、$\overline{Q}$端接至逻辑电平显示输入插口，当J、K和CP处于任意状态情况下，令$\overline{R}_D=0$，$\overline{S}_D=1$观察输出Q、$\overline{Q}$的状态，之后再令$\overline{S}_D=0$，$\overline{R}_D=1$观察输出Q、$\overline{Q}$的状态，任意改变J、K及CP的状态进一步观察输出Q、$\overline{Q}$的状态。总结$\overline{R}_D$、$\overline{S}_D$置位功能。

（2）双JK触发器的逻辑功能。按考核表中JK触发器测试要求改变J、K、CP端状态，观察Q、$\overline{Q}$状态变化，观察触发器状态更新是否发生在CP脉冲的下降沿并记录。

（3）*将JK触发器的J、K端连在一起，构成T触发器。在CP端输入1Hz连续脉冲，观察Q端的变化。

3. 双D触发器74LS74逻辑功能的测试

（1）测试$\overline{R}_D$、$\overline{S}_D$置位功能。测试方法同实验任务2（1）。

（2）D触发器逻辑功能的测试。按考核表中D触发器测试要求改变D和CP端状态，观察Q、$\overline{Q}$状态变化，注意触发器状态更新发生在CP脉冲的上升沿还是下降沿。

（3）*将D触发器的$\overline{Q}$端与D端相连接，构成T′触发器，如图3－67所示。测试方法同实验任务2（3）。

六、实验报告

（1）叙述触发器及其应用实验的实验目的、实验原理和实验任务。

（2）整理考核表中实验数据，填写实验总结。

（3）装订实验报告并上交指导教师。

实验 3－10 555 定时器及其应用

一、实验目的

（1）熟悉 555 定时器的工作原理及其特点。

（2）掌握用 555 定时器组成自激多谐振荡器，了解定时元件 RC 对振荡周期和脉冲宽度的影响。

（3）掌握用 555 定时器组成单稳态触发器，了解定时元件 RC 对脉冲宽度的影响。

二、实验预习

（1）复习 555 定时器的结构及工作原理。

（2）了解 555 定时器构成单稳态触发器和多谐振荡器电路的组成和工作原理。

（3）阅读实验指导书，了解实验目的、实验原理和实验任务。

（4）填写实验 3－10 考核表（见附录）中的预习思考。

三、实验仪器与元器件

（1）THD－1 型数字电路实验箱 1 台。

（2）SG4320A 型示波器 1 台。

（3）VC9803A＋型数字万用表 1 块。

（4）集成电路：555 定时器 2 只。

四、实验原理

555 定时器是一种数字、模拟混合型的中规模集成电路，应用十分广泛。它是一种产生时间延迟和多种脉冲信号的电路，由于内部电压标准使用了三个 5kΩ 电阻，故取名 555 电路。其电路类型有双极型和 CMOS 型两大类，两者的结构与工作原理类似。几乎所有的双极型产品型号最后的三位数码都是 555 或 556；所有的 CMOS 产品型号最后四位数码都是 7555 或 7556，两者的逻辑功能和引脚排列完全相同，易于互换。555 和 7555 是单定时器。556 和 7556 是双定时器。双极型的电源电压 $U_{CC}=+5\sim+15V$，输出的最大电流可达 200mA，CMOS 型的电源电压为 $+3\sim+18V$。

1. 555 电路的工作原理

555 电路的内部电路框图如图 3－69 所示。它含有两个电压比较器，一个基本 RS 触发器，一个放电开关管 VT，比较器的参考电压由三只 5kΩ 的电阻器构成的分压器提供。它们分别使高电平比较器 A_1 的同相输入端和低电平比较器 A_2 的反相输入端的参考电平为 $\frac{2}{3}U_{CC}$ 和 $\frac{1}{3}U_{CC}$。A_1 与 A_2 的输出端控制 RS 触发器状态和放电管开关状态。当输入信号自 6 脚，即高电平触发输入并超过参考电平 $\frac{2}{3}U_{CC}$ 时，触发器复位，555 的输出端 3 脚输出低电平，同时放电开关管导通；当输入信号自2脚输入并低于$\frac{1}{3}U_{CC}$时，触发器置位，555的3脚输出高电平，同时放电开关管截止。

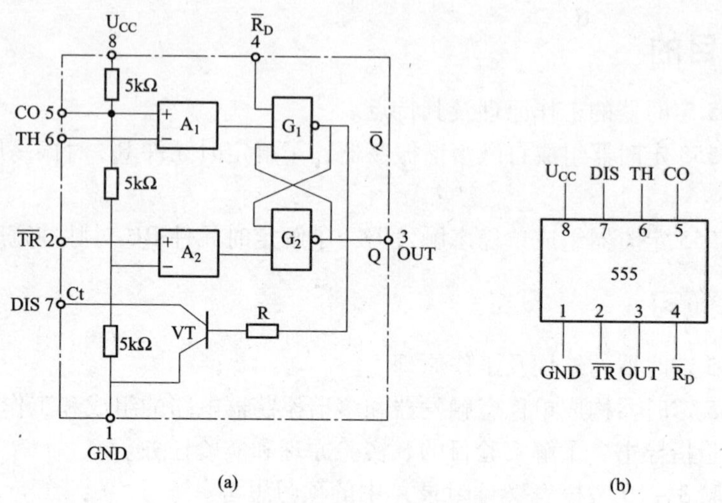

图3-69 555定时器内部框图及引脚排列

（a）内部框图；（b）引脚排列

$\overline{R}_D$是复位端（4脚），当$\overline{R}_D=0$，555输出低电平。平时$\overline{R}_D$端开路或接U_{CC}。

U_{CC}是控制电压端（5脚），平时输出$\frac{2}{3}U_{CC}$作为比较器A_1的参考电平，当5脚外接一个输入电压，即改变了比较器的参考电平，从而实现对输出的另一种控制，在不接外加电压时，通常接一个0.01μF的电容器到地，起滤波作用，以消除外来的干扰，以确保参考电平的稳定。

VT为放电管，当VT导通时，将给接于7脚的电容器提供低阻放电通路。

555定时器主要是与电阻、电容构成充、放电电路，并由两个比较器来检测电容器上的电压，以确定输出电平的高低和放电开关管的通断。这就很方便地构成从微秒到数十分钟的延时电路，可方便地构成单稳态触发器、多谐振荡器、施密特触发器等脉冲产生或波形变换电路。

2. 555定时器的典型应用

（1）由555定时器构成的多谐振荡器。如图3-70（a）所示，由555定时器和外接元件R_1、R_2、C构成多谐振荡器，2脚与6脚直接相连。电路没有稳态，仅存在两个暂稳态，电路亦不需要外加触发信号，利用电源通过R_1、R_2向C充电，以及C通过R_2向放电端C_t放电，使电路产生振荡。电容C在$\frac{1}{3}U_{CC}$和$\frac{2}{3}U_{CC}$之间充电和放电，其波形如图3-70（b）所示。输出信号的时间参数是$T=t_{W1}+t_{W2}$，$t_{W1}=0.7(R_1+R_2)C$，$t_{W2}=0.7R_2C$。555电路要求R_1与R_2均应大于或等于1kΩ，但R_1+R_2应小于或等于3.3MΩ。

外部元件的稳定性决定了多谐振荡器的稳定性，555定时器配以少量的元件即可获得较高精度的振荡频率和具有较强的功率输出能力。因此这种形式的多谐振荡器应用很广。

（2）由555定时器构成的单稳态触发器。

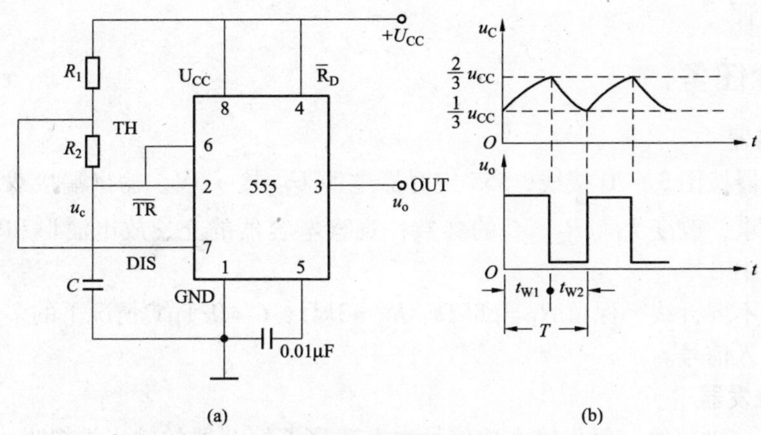

图 3-70　由 555 定时器和外接元件组成的多谐振荡电路

（a）多谐振荡电路；（b）波形图

图 3-71（a）为由 555 定时器和外接定时元件 R、C 构成的单稳态触发器。触发电路由 C、R 构成，稳态时 555 电路输入端处于电源电平，内部放电开关管 VT 导通，输出端输出低电平，当有一个外部负脉冲触发信号经 C 加到 2 端。并使 2 端电位瞬时低于 $\frac{1}{3}U_{CC}$，低电平比较器动作，单稳态电路即开始一个暂态过程，电容 C 开始充电，u_C 按指数规律增长。当 u_C 充电到 $\frac{2}{3}U_{CC}$ 时，高电平比较器动作，比较器 A_1 翻转，输出 U_0 从高电平返回低电平，放电开关管 VT 重新导通，电容 C 上的电荷很快经放电开关管放电，暂态结束，恢复稳态，为下个触发脉冲的来到做好准备，其波形图如图 3-71（b）所示。

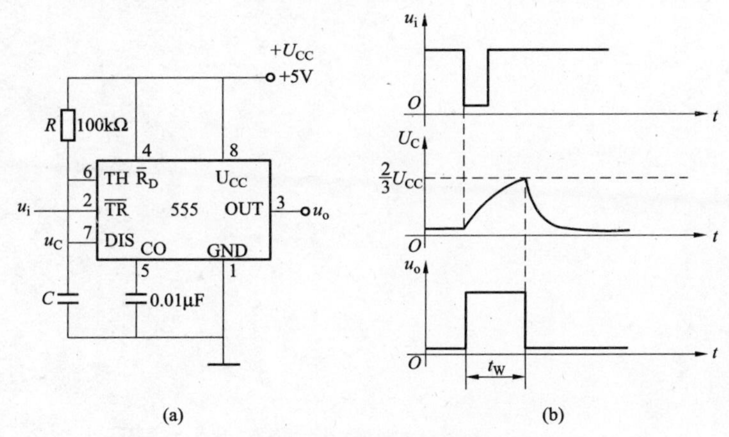

图 3-71　由 555 定时器构成的单稳态触发器

（a）单稳态触发器；（b）波形图

暂稳态的持续时间 t_W（即为延时时间）取决于外接元件 R、C 值的大小，即 $t_W = 1.1RC$。

通过改变 R、C 的大小，可使延时时间在几个微秒到几十分钟之间变化。当这种单稳态电路作为计时器时，可直接驱动小型继电器，并可以使用复位端（4 脚）接地的方法来中止暂态，重新计时。此外，尚须用一个续流二极管与继电器线圈并接，以防继电器线圈反电动势损坏内部功率管。

五、实验任务

1. 多谐振荡器

将555定时器按图3－70接线，555定时器电源 U_{CC} 接 +5V，输出端接双踪示波器。按实验考核表的要求，改变 R_1、R_2、C 的参数，观察电容器的充、放电波形和输出波形，将它们填入考核表中。

此实验完毕不要拆线，保留 $R_1=68\text{k}\Omega$、$R_2=3\text{k}\Omega$、$C=0.1\mu\text{F}$ 情况下的多谐输出，作为步骤2电路的输入信号。

2. 单稳态触发器

（1）按图3－71接线，触发输入地信号由上述多谐振荡器的输出端提供，按表的要求，改变 R、C 的参数，观察电容器的充、放电波形和单稳输出波形，将它们画在表中。

（2）单稳态触发器中，$R_1=3\text{k}\Omega$，$C=1\mu\text{F}$，从示波器观察单稳电路的 u_i 和 u_o 的波形，并将它们画在实验考核表中。注意此时单稳态输出脉冲宽度 t_W 是否仍为 $1.1RC$。

六、实验报告

（1）叙述555定时器及其应用实验的实验目的、实验原理和实验任务。

（2）整理考核表中的实验数据，填写实验总结。

（3）装订实验报告并上交指导教师。

第四章　实验仪器设备使用说明

4－1　SG4320A 型示波器使用说明

SG4300 系列双踪示波器是瑞特电子有限公司采用国内外先进的贴片工艺生产，使用编码扫描开关，手感更舒适、接触可靠。最大灵敏度为 0.5mV/DIV，最大扫描速度为 0.2ms/DIV，扫描速度可扩展 10 倍能达到 20ns/DIV。

一、SG4320A 型示波器的特性

（1）一般采用国产示波管，可以根据客户要求使用进口示波管。

（2）具有触发电平锁定功能。

（3）交替触发功能可以观察两频率不同的信号波形。

（4）电视信号同步功能。

（5）后面板上的与输入信号频率相同的脉冲信号可以直接驱动频率计。

（6）Z 轴输入和亮度调制功能可以给示波器加入频率或时间标识、正信号轨迹消隐和 TTL 匹配。

（7）X－Y 操作。

当设定在 X－Y 位置时，该仪器可作为 X－Y 示波器，CH1 为水平轴，CH2 为垂直轴。在 0.2 时最大有效值读出为 400V_{pp}（140V_{rms}正弦波）。

二、面板说明

1. 前面板图介绍（图 4－1）

（1）CRT 部分：

7 为电源，主电源开关，当此开关开启时发光二极管 6 发光。

1 为亮度，调节轨迹或亮点的亮度。

3 为聚焦，调节轨迹或亮点的亮度。

4 为轨迹旋转，半固定的电位器用来调整水平轨迹与刻度线的平行。

2 为滤色片，使波形看起来更加清晰。

（2）垂直轴部分：

17 为 CH1（X）输入，在 X－Y 模式下，作为 X 轴输入端。

18 为 CH2（Y）输入，在 X－Y 模式下，作为 Y 轴输入端。

28、32 为 CH1 和 CH2 的 DC BAL，用于两个通道的衰减器平衡调试（详见 P74 的直流平衡调整）。

15、16 为 AC－GND－DC，选择垂直轴输入信号的输入方式。其中 AC 为交流耦合；

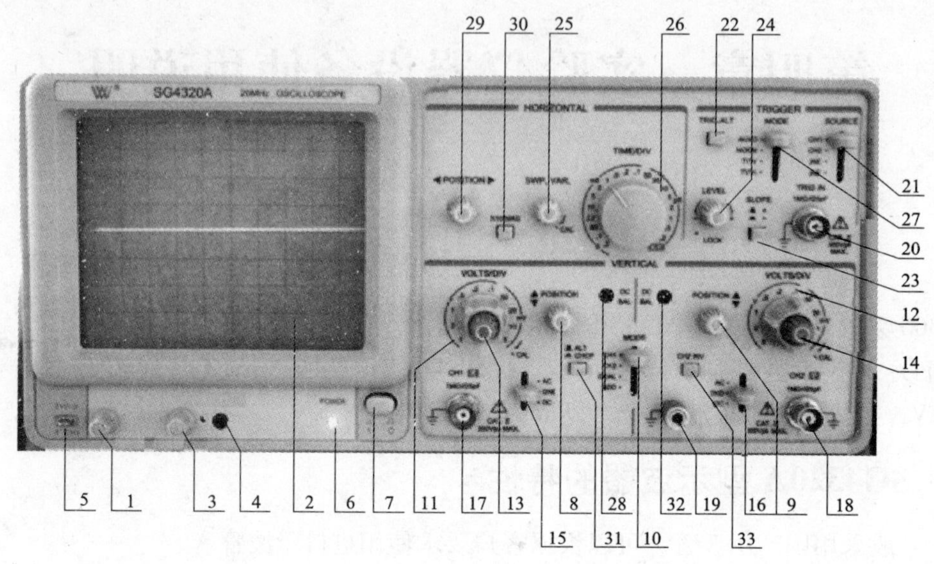

图 4－1　SG4320A 型示波器前面板介绍

GND 为垂直放大器的输入接地，使输入端断开；DC 为直流耦合。

11、12 为垂直衰减开关，调节垂直偏转灵敏度从 5mV/DIV～5V/DIV 分 10 挡。

13、14 为垂直微调，微调灵敏度大于或等于 1/2.5 标示值，在校正位置时，灵敏度校正为标示值。

8、9 为▼、▲垂直位移，调节光迹在屏幕上的垂直位置。

10 为垂直方式，选择 CH1 与 CH2 放大器的工作模式。其中 CH1 或 CH2 为通道 1 和通道 2 单独显示；DUAL 为两个通道同时显示；ADD 为显示两个通道的代数和 CH1＋CH2。按下 CH2 INV 33 按钮，为代数差 CH1－CH2。

31 为 ALT/CHOP，在双路显示时，放开此键，表示通道 1 与通道 2 交替显示（通常用于扫描速度较快的情况下）；当此键按下时，通道 1 与通道 2 同时断续显示（通常用于扫描速度较慢的情况下）。

33 为 CH2 INV，通道 2 的信号反向，当此键按下时，通道 2 的信号以及通道 2 的触发信号同时反向。

（3）触发部分：

20 为外触发输入端子，用于外部触发信号。当使用该功能时，开关 21 应设置在 EXT 的位置上。

21 为触发源选择，选择内（INT）或外（EXT）触发。其中 CH1：当垂直方式选择开关 10 设定在 DUAL 或 ADD 状态下，选择通道 1 作为内部触发信号源；CH2：当垂直方式选择开关 10 设定在 DUAL 或 ADD 状态下，选择通道 2 作为内部触发信号源；TRIGALT22：垂直方式选择开关 10 设定在 DUAL 或 ADD 状态下，而且触发源开关 21 选在通道 1 或通道 2 上，按下 22 时，它会交替选择通道 1 和通道 2 作为内触发信号源；LINE：选择交流电源作为触发信号；EXT：外部触发信号接于 20 作为触发信号源。

23 为极性：触发信号的极性选择“+”上升沿触发，“-”下降沿触发。

24 为触发电平：使信号稳定触发，调节触发信号，形成稳定电平。向“+”旋转触发电平向上移，向“-”旋转触发电平向下移。

27 为触发方式：选择触发方式。其中 AUTO：自动触发方式，当没有触发信号输入时扫描在自由模式下。

NORM：常态触发方式，当没有触发信号时，踪迹在待命状态并不显示。

TV-V：要观察一场的电视信号时选择电视场触发方式。

TV-H：要观察一场的电视信号时选择电视行触发方式。

24 为触发电平锁定：将触发电平旋钮 24 向逆时针方向转到底听到咔嗒一声后，触发电平被锁定在一个固定电平上，这时改变扫描速度或信号幅度时，不再需要调节触发电平，即可获得同步信号。

（4）时基部分：

26 为水平扫描速度开关，扫描速度可以分 20 挡，从 0.2μs/DIV 到 0.5s/DIV。

25 为水平微调，微调水平扫描时间，使扫描时间被校正到与面板上 TIME/DIV 指示的一致。TIME/DIV 扫描速度可连续变化，当顺时针旋转到底为校正位置。

29 为◀▶水平位移，调节光迹在屏幕上的水平位置。

30 为扫描扩展开关，按下时扫描速度扩展 10 倍。

（5）其他部分：

5 为 CAL，提供幅度为 $2V_{pp}$ 频率 1kHz 的方波信号，用于校正 10∶1 探头的补偿电容器和检测示波器垂直与水平偏转因数。

19 为 GND，示波器机箱的接地端子。

2. 后面板介绍（图 4-2）

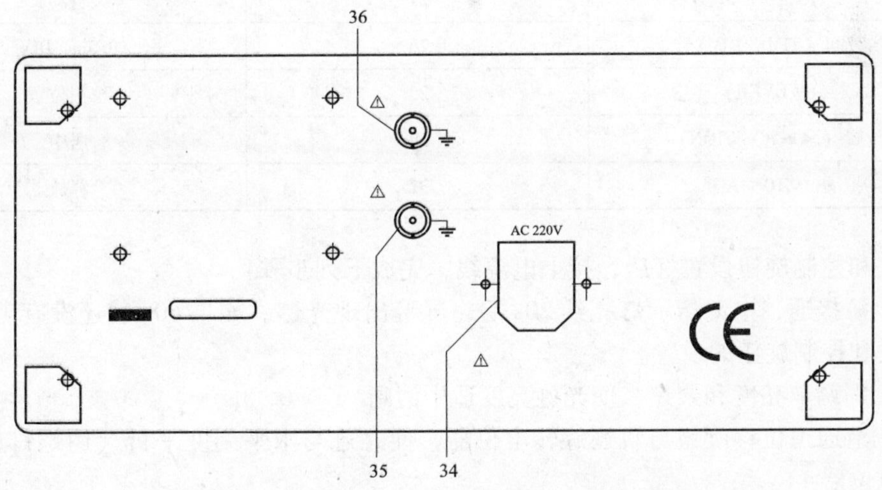

图 4-2　SG4320A 型示波器后面板介绍

36 为 Z 轴输入，外部亮度调制信号输入端。

35 为外测频输出，提供与被测信号相同频率的脉冲信号，适合外接频率计。

34 为交流电源，交流电源输入插座，交流电源线接于此处。

三、基本操作

1. 单通道操作

接通电源前务必先检查电压是否与当地电网一致，然后将有关控制元件按表 4 – 1 设置。

表 4 – 1　　有关控制元件的设置

功　能	序　号	设　置
电源（POWER）	7	关
亮度（INTEN）	1	居中
聚焦（FOCUS）	3	居中
垂直方式（VERT MODE）	10	通道 1
交替/断续（ALT/CHOP）	32	释放（ALT）
通道 2 反向（CH2 INV）	35	释放
垂直位置（POSITION）	8、9	居中
垂直衰减（▲▼ VOLTS/DIV）	11、12	50mV/DIV
调节（VARIABLE）	13、14	CAL（校正位置）
AC – GND – DC	15、16	GND
触发源（Source）	21	通道 1
极性（SLOPE）	23	+
触发交替选择（TRIGALT）	22	释放
触发方式（TRIGGER MODE）	27	自动
扫描时间（TIME/DIV）	26	0.5ms/DIV
微调（SWEVER）	25	校正位置
水平位置（◀▶POSITION）	29	居中
扫描扩展（X10 MAG）	31	释放

将开关和控制旋钮设置好后，接上电源线，完成下列步骤：

（1）电源接通，电源指示灯亮约 20s 后，屏幕出现光迹。如果 60s 后还没有出现光迹，重新查开关和控制旋钮的设置。

（2）分别调节亮度和聚焦，使光迹亮度适中清晰。

（3）调节通道位移旋钮与轨迹旋转电位器，使光迹与水平刻度平行（用螺钉旋具调节光迹旋转电位器 4）。

（4）用 10:1 探头将校正信号输入至 CH1 输入端。

（5）将 AC – GND – DC 开关设置在 AC 状态。

（6）调整聚焦，使图形清晰。

（7）对于输入信号的观察，可通过调整垂直衰减开关、扫描时间到所需的位置，从而得到清晰的图形。

(8) 调整垂直和水平位移旋钮，使得波形的幅度与时间容易读出。

通道 2 的操作与通道 1 的操作相同，单通道操作为示波器最基本的操作。

2. 双通道操作

改变垂直方式到 DUAL 状态下，于是通道 2 的光迹也会出现在屏幕（与 CH1 相同）。这时通道 1 显示一个方波（来自校正信号输出的波形），而通道则仅显示一条直线，因为没有信号接到该通道。现在将校正信号接到 CH2 输入端与 CH1 一致，将 AC－GND－DC 开关设置到 AC 状态，调整垂直位置 8 和 9，使两通道的波形如图 4－3 所示，释放 ALT/CHOP 开关（置于 AIT 方式），CH1 与 CH2 上的信号交替地显示到屏幕上，此设定用于观察扫描时间较短的两路信号。按下 ALT/CHOP 开关（置于 CHOP 方式），CH1 和 CH2 上的信号以 400kHz 的速度独立地显示在屏幕上，此设定用于观察扫描时间较长的两路信号。在进行双通道操作时，DUAL 或加减方式必须通过触发信号源的开关来选择通道 1 或通道 2 的信号作为触发信号。如果 CH1 与 CH2 的信号同步，则两个波形都会稳定显示出来。反之，则仅有触发信号可以稳定地显示出来；如果按下 TRIG/ALT 开关，则两个波形都会同时稳定显示出来。

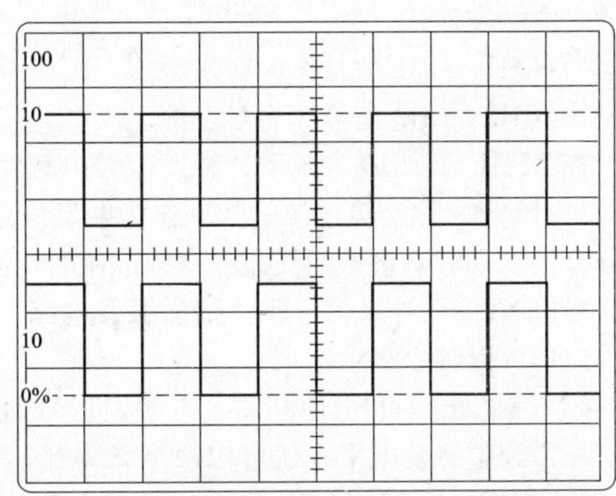

图 4－3　垂直方式双通道的波形图

3. 加减操作

通过设置“垂直方式开关”到“加”的状态，可以显示 CH1 和 CH2 信号代数和，如果按下 CH2 1NV 开关则为代数减。为了得到加减的精确值，两个通道的衰减设置必须一致。垂直位置可以通过“▲▼位置键”来调整。鉴于垂直放大器的线性变化，最好将该旋钮设置在中间位置。

4. 触发源的选择

正确地选择触发源对于有效地使用示波器是至关重要的，用户必须十分熟悉触发源的选择功能及其工作次序。

(1) MODE 开关：

1) AUTO：自动触发模式，扫描发生器自由产生一没有触发信号的扫描信号；当有触发信号时，它会自动转换到触发信号。通常第一次观察波形时，将其设置于“AUTO”，当一个稳定的波形观察到以后，再调整其他设置。当其他控制部分设定好以后，通常将开关设回到“NORM”触发方式，因为该方式更佳，当测量直流信号或小信号时必须采用“AUTO”方式。

2) NORM：常态触发模式，通常扫描器保持在静止状态，屏幕上无光迹显示。当触发信号经过由“触发电平开关”设置的阀门电平，扫描一次之后，扫描器又回到静止状态，直到下一次被触发。在双踪显示“ALT”与“NORM”扫描时，除非通道 1 与通道 2 都有足够的触发电平，否则不会显示。

3）TV-V：电视场触发模式，当需要观察一个整场的电视信号时，将 MODE 开关设置到TV-V，对电视信号进行同步观测，扫描时间通常设定到 2ms/DIV（一帧信号）或 5ms/DIV（一场两帧隔行扫描信号）。

4）TV-H：电视行触发模式，对电视信号的行信号进行同步观测，扫描时间通常为 10ms/DIV 显示几行信号波形，可以用微调旋钮调节扫描时间到所需要的行数。送入示波器的同步信号必须是负极的（图 4-4）。

（2）触发信号源功能。为了在屏幕上显示一个稳定的波形，需要给触发电路提供一个与显示信号在时间上有关联的信号，触发源开关就是用来选择触发信号的，大部分情况下采用的是内触发模式。

1）CH1：CH1 信号作为触发源。

2）CH2：CH2 信号作为触发源。

在 DUAL 或 ADD 方式下，触发信号由触发源开关来选择。

3）LINE：用交流电源的频率作为触发信号。这种方法对于测量与电源频率有关的信号十分有效。如音响设备的交流噪声，晶闸管电路等。

4）EXT：用外来信号驱动扫描触发电路。该外来信号因与要测的信号有一定的时间关系，波形可以独立显示出来。

（3）触发电平和极性开关。当触发信号通过一个预置的阀门电平时会产生一个扫描触发信号，调整触发电平旋钮可以改变该电平，向“+”方向时，阀门电平正方向移动；向“-”方向时，阀门电平向负方向移动；当在中间位置时，阀门电平设定在信号的平均值上。

触发电平可以调节扫描起点在波形的任一位置上。对于正弦信号，起始相位是可变的。注意：如果触发电平的调节过正或过负时，不会产生扫描信号，因为这时触发电平已超过了同步信号的幅值。

极性触发开关设置在“+”时，上升沿触发，极性触发开关设置在“-”时，下降沿触发（图 4-5）。

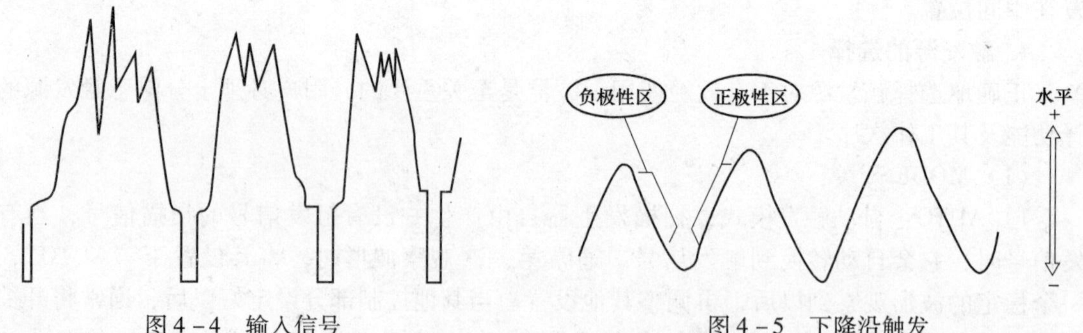

图 4-4　输入信号　　图 4-5　下降沿触发

逆时针调节触发电平旋钮 24 到底，听到咔嗒一声后，触发电平被锁定在一固定值，此时改变信号幅度频率不需要调整触发电平即可获得一稳定的波形。

当输入信号幅度或外触发信号的幅度在以下范围时该功能有效：50Hz ~ 5MHz > 0.5DIV；5 ~ 20MHz > 1.0DIV。

(4) 触发交替开关。当垂直方式选定双踪显示时，该开关用于交替触发和交替显示（适用于 CH1、CH2 或相加方式）。这种方式有利于波形幅度、同期的测试，甚至可以观察两个在频率上并无联系的波形。但不适合于相位和时间对比的测量。对于此测量，两个通道必须采用同一同步信号触发。在双踪显示时，如果同时按下“CHOP”和“TRIGALT”，则不能同步显示，因为“CHOP”信号成为触发信号。可以使用“ALT”方式或直接选择 CH1 或 CH2 作为触发信号源。

5. 扫描速度控制

调节扫描速度旋钮，可以选择观察的波形个数，如果屏幕上显示的波形太多，则调节扫描时间更快一些；如果屏幕只有一个周期的波形，则可以减慢扫描时间。当扫描速度太快时，屏幕上只能观察到周期信号的一部分。如对于一个方波信号可能在屏幕上显示的只是一条直线。

6. 扫描扩展

当需要观察一个波形的一部分时，需要很高的扫描速度。如果想要观察的部分远离扫描的起点，波形已经出到屏幕以外。这时就需要使用扫描扩展开关。当按下扫描扩展开关后，显示的范围会扩展 10 倍（图 4－6）。这时的扫描速度是（“扫描速度开关”上的值）×1/×10，如 1μs/DIV。

7. X－Y 操作

将扫描开关设定在 X－Y 位置时，示波器工作方式为 X－Y。X－轴：CH1 输入；Y－轴：CH2 输入。

注意：当高频信号在 X－Y 方式时，应注意 X 与 Y 轴的频率、相位上的不同。

X－Y 方式允许示波器进行常规示波器所不能做的很多测试。CRT 可以显示一个电子图形或两个瞬时的电平。它可以是两个电平直接的比较，就像向量示波器显示视频彩条图形。如果使用将有关参数（频率、温度、速度等）转换成电压的传感器，X－Y 方式就可以显示几乎一个动态参数的图形。一个通用的例子就是频率相位的测试。这里 Y 轴对应于信号幅度，X 轴对应于频率（图 4－7）。

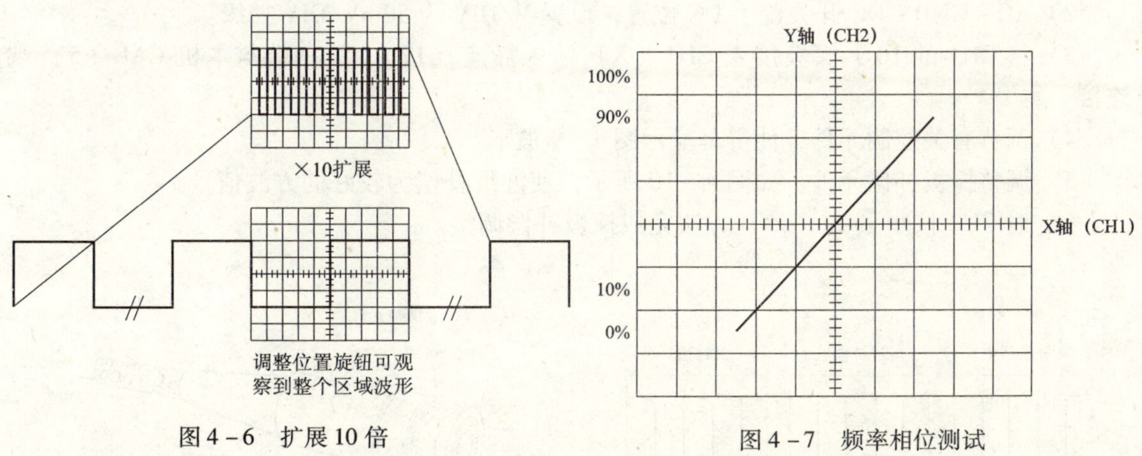

图 4－6 扩展 10 倍　　图 4－7 频率相位测试

在某些场合，需要观察李沙育图形可用 X－Y 方式，当从 X－Y 这两个输入端正弦信号时在示波管荧光屏上可显示出李沙育图形，根据图形可以推算出两个信号之间频率及相位关系（图 4 - 8）。

8. 探头校正

正如以前所述，示波器探头可用于一个很宽的频率范围，但必须进行相位补偿。失真的波形会引起测量误差。因此，在测量前，要进行探头校正。

相位差	显示波形			
0°				
45°				
90°				
$f(y):f(x)$	1:1	2:1	3:1	3:2

图 4 - 8　李沙育图形

9. 直流平衡调整（DC BAL）

（1）将 CH1 和 CH2 的输入耦合开关设定为 GND，触发方式为自动，将光迹调到中间位置。

（2）将衰减开关在 5mV 和 10mV 之间来回转换，调整 DC BAL 到光迹在零水平线不移动为止。

四、测量

1. 测量前的检查和调整

为了得到较高的测量精度，减少测量误差，在测量前应对如下项目进行检查和调整。

（1）光迹旋转。在正常情况下，屏幕上显示的水平光迹应与水平刻度线平行，但由于地球磁场与其他因素的影响，会使水平迹线产生倾斜，给测量造成衰减，因此在使用前可按下列步骤检查或调整：

1）预置示波器面板上的控制件，使屏幕上获得一根水平扫描线。

2）调节垂直移位使扫描基线垂直中心的水平刻度线上。

3）检查扫描基线与水平刻度线是否平行，如果不平行，就用螺钉旋具调整前面板“ROTATION”电位器。

（2）探极补偿调整的目的在于补偿由于示波器输入特性的差异而产生的误差，调整方法如下：

1）按表 4 - 1 设置面板控制元件，使屏幕上获得一根水平扫描基线。

2）AC - GND - DC 开关置于 DC 位置，设置 V/DIV 为 50mV/DIV 挡级。

3）将 CH1 的 10:1 探极接入 CH1（X）输入插座（17），另一端与本机 CAL（5）端连接。

4）调节有关控制元件，使屏幕显示图 4 - 9 波形。

5）调整探极补偿元件，如图 4 - 10 所示，使波形补偿为较好的方波信号。

6）对 CH2 按步骤 2）~5）方法完成探极补偿调整。

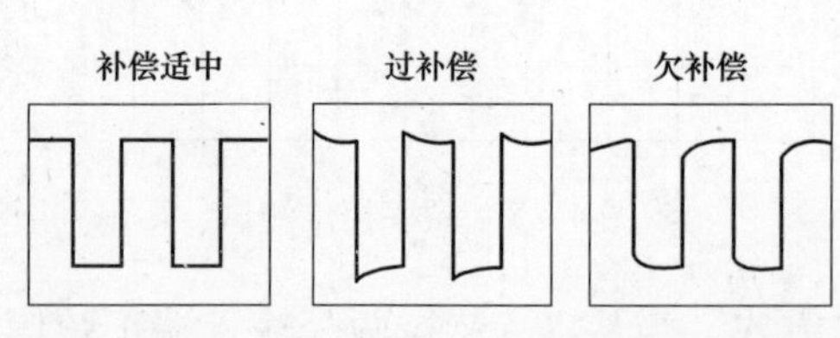

图 4 - 9　探极补偿波形图

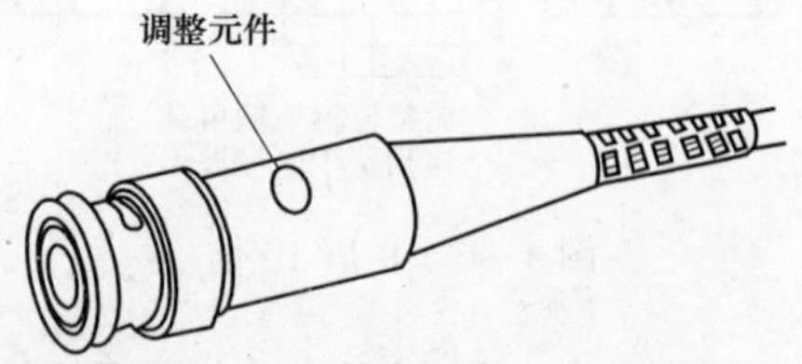

图 4 - 10　探极补偿元件图

2. 幅值的测量

（1）峰－峰电压的测量。对被测信号波形峰－峰电压测量，步骤如下：

1）将信号输入至 CH1 或 CH2 通道，将垂直方式置于被选用的通道。

2）设置电压衰减器并观察波形，使被显示的波形在 5 格左右，将微调顺时针旋到底（校正位置）。

3）调整电平使波形稳定（如果是电平锁定，无须调节电平）。

4）调节扫描速度开关，使屏幕显示至少一个波形周期。

5）调整垂直移位，使波形底部在屏幕中某一水平坐标上（见图 4－11 的 A 点）。

6）调整水平移位，使波形顶部在屏幕中央的垂直坐标上（见图 4－11 的 B 点）。

7）读出垂直方向 A、B 两点之间的格数。

8）按下面公式计算被测信号的峰－峰电压值（V_{pp}）：V_{pp}＝垂直方向的格数×垂直偏转因数。

例如图 4－12 中，测出 A、B 两点之间垂直格数为 4.1 格，用 10∶1 探极的垂直偏转因数为 0.2V/DIV，则 $V_{pp}=4.1\times0.2\times10V=8.2V$。

（2）直流电压的测量。直流电压的测量步骤如下：

1）设置面板控制元件，使屏幕显示一条扫描基线。

2）设置被选用通道的耦合方式为“GND”，见图 4－12 中“测量前”。

3）调节垂直移位，使扫描基线在某一水平坐标上，定义此时电压零值。

4）将被测电压输入被选用的通道。

5）将输入耦合置于“DC”，调节电压衰减器，使扫描基线偏移在屏幕中一个合适的位置上，微调顺时针旋到底（校正位置）。

6）读出扫描基线在垂直方向上偏移的格数，见图 4－12 中“测量后”。

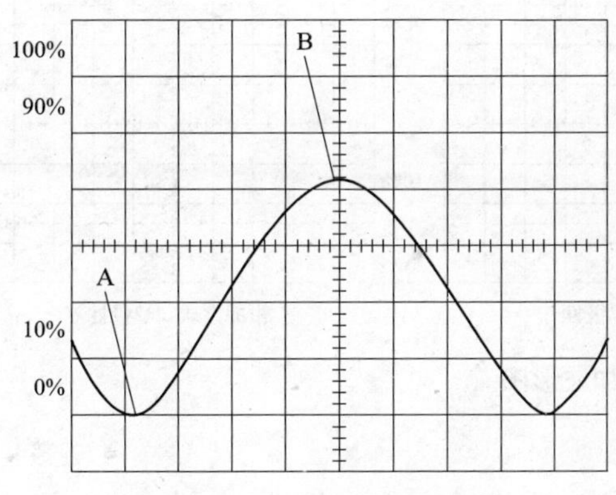

图 4－11　幅值测量图

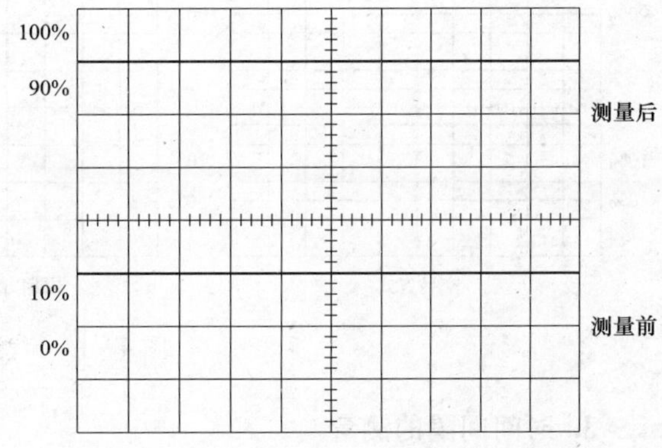

图 4－12　直流电压测量图

7）按下列公式计算被测直流电压值：

$$V=\text{垂直方向的格数}\times\text{垂直偏转因数}\times\text{偏转方向}(+\text{或}-)$$

例如图 4－12 中，测出扫描极限比原基线上移 4 格，垂直偏移因数 2V/DIV，则 $V=2\times4\times(+)V=+8V$。

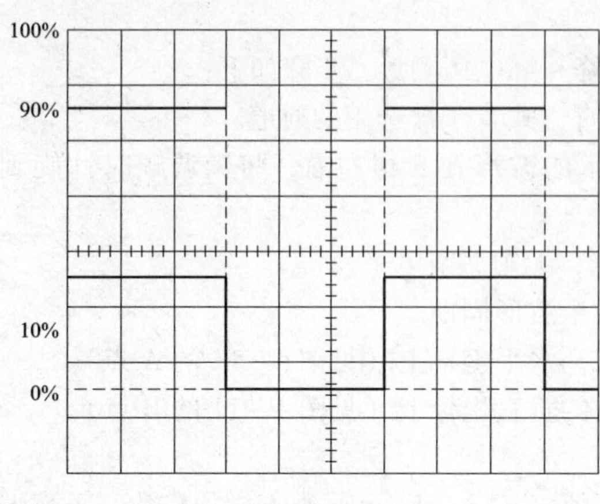

图4-13 幅值比较

(3) 幅值比较。在某些应用中，需对两个信号之间的幅值偏差（百分比）进行测量，其步骤如下：

1) 将作为参考的信号输入CH1或CH2输入通道。设置垂直方式为被选用的通道。

2) 调稳电压衰减器和微调控制器使屏幕显示幅度为垂直方向5格（图4-13）。

3) 在保持电压衰减器和微调控制器在原位置不变的情况下，将探极从参考信号换接至欲比较的信号，调整垂直位移使波形底部对准屏幕的0%刻度线上。

4) 调整水平位移使波形顶部在屏幕中央的垂直刻度线上。

5) 根据屏幕左侧的0%和100%的百分比标准，从屏幕中央的垂直坐标上读出百分比（1小格等于4%）。

(4) 代数叠加。当需要测量两个信号的代数和或差时，可根据下列步骤操作：

1) 设置垂直方式为"DUAL"，根据信号频率选择"ALT"和"CHOP"。

2) 将两个信号分别输入CH1和CH2输入通道。

3) 调节电压衰减器使两个信号的幅度适中，调节垂直移位，使两个信号波形处于屏幕中央。

4) 垂直方式置于"ADD"即得两个信号的代数和显示；若需观察两个信号波形处于代数差，则将CH2方向开关（33）按下，图4-14分别示出的代数和及代数差显示。

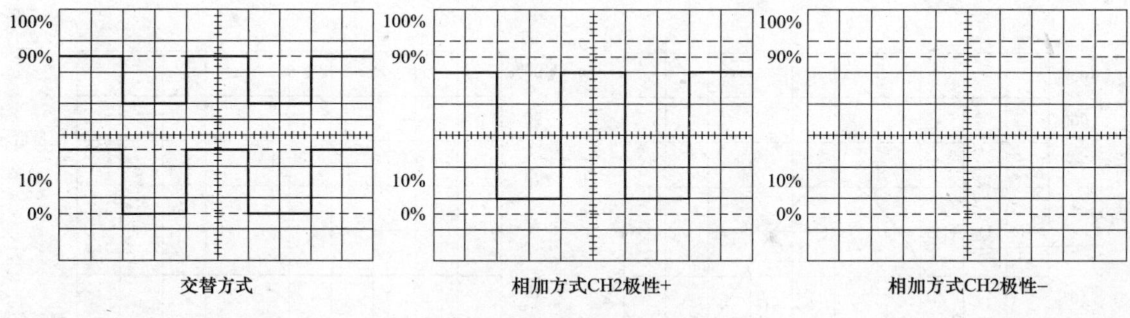

图4-14 代数叠加波形图

3. 时间间隔的测量

对于一个波形中两点时间间隔的测量，按下列步骤进行：

(1) 将信号输入CH1和CH2输入通道。设置垂直方式为被选通道。

(2) 调整电平使波形稳定显示（如峰值自动，则无需调节电平）。

(3) 将扫速微调顺时针旋足（校正位置），调整扫速控制器，使屏幕上显示1~2个信号周期。

(4) 分别调整垂直移位和水平移位，使波形中需测量的两点仅次于屏幕中央水平刻度线上。

（5）测量两点之间的水平刻度，按下列公式计算出时间间隔（s）为

$$时间间隔(s)=\frac{两点之间水平距离(格)\times 扫描时间因数(时间/格)}{水平扩展倍数}$$

例如图 4－15 中，测量 A、B 两点的水平距离为 8 格，扫描时间因数为 2μs/DIV，水平扩展倍数为1，则

$$时间间隔(s)=\frac{8DIV\times 2\mu s/DIV}{1}=16\mu s$$

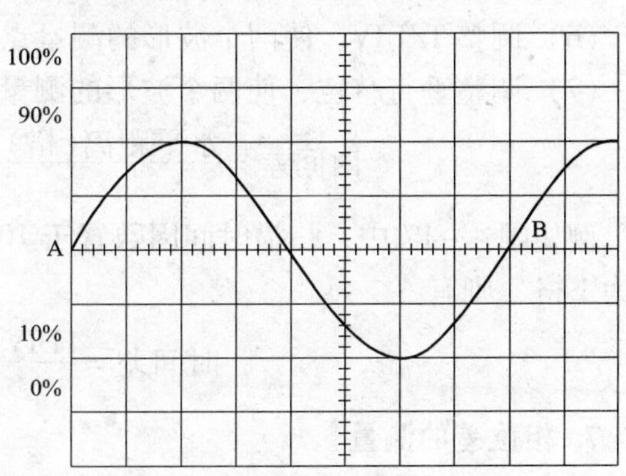

图 4－15　周期和频率的测量

4. 周期和频率的测量

在图 4－15 的例子中，所测得的时间间隔即为该信号的周期 T，该信号的频率为 $1/T$，如 $T=16\mu s$，即频率为

$$f=1/T=\frac{1}{16\times 10^{-6}}kHz=62.5kHz$$

5. 上升或下降时间的测量

上升（或下降）时间的测量方法和时间间隔的测量方法一样，只不过是测量被测波形满幅度的 10% 和 90% 两处之间的水平轴距离，测量步骤如下：

（1）设置垂直方式为 CH1 或 CH2，将信号输送到被选中的输入通道。

（2）调移电压衰减器和微调，使波形的垂直幅度显示 5 格。

（3）调整垂直移位，使波形的顶部和底部分别位于 100% 和 0% 的刻度线上。

（4）调整扫速开关，使屏幕显示波形的上升沿或下降沿。

（5）调整水平位移，使波形上升沿的 10% 相交处于某一垂直刻度线上。

（6）测量 10% 和 90% 两点间的水平距离（格），如波形的上升沿或下降沿较快则可将水平 ×10 扩展，使波形在水平方向上扩展 10 倍。

（7）按下列公式计算出波形的上升（或下降）时间为

$$上升(或下降)时间=\frac{水平距离(格)\times 扫描时间因数(时间/格)}{水平扩展倍数}$$

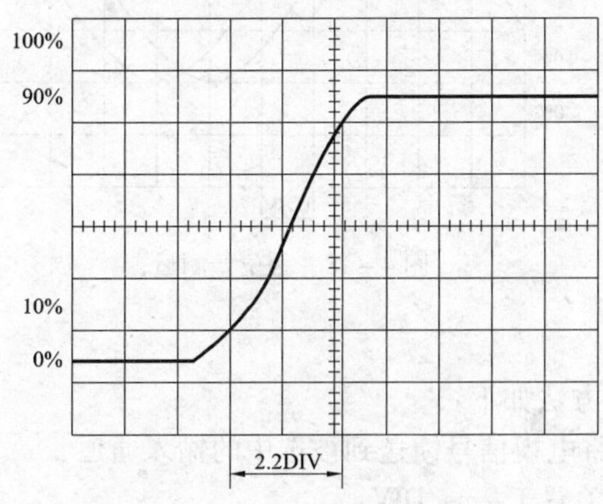

图 4－16　上升时间测量

例如图 4－16 中，波形上升沿的 10% 处至 90% 处水平距离为 2.2 格，扫描时间因数 1μs/DIV，水平扩展 ×10，根据公式有

$$上升时间=\frac{2.2DIV\times 1\mu s/DIV}{10}=0.22\mu s$$

6. 时间差的测量

对两个相关信号的时间差测量，可按下列步骤进行：

（1）将参考信号和一个待比较信号分别输入“CH1”和“CH2”输入通道。

（2）根据信号频率，将垂直方式置于

“交替”或“断续”。

（3）设置触发源至参考信号那个通道。

（4）调整电压衰减器和微调控制器，使显示合适的幅度。

（5）调整电平使波形稳定显示。

（6）调整 T/DIV，使两个波形的测量点之间有一个能方便观察的水平距离。

（7）调整垂直移位，使两个波形的测量点位于屏幕中央的水平刻度线上，则

$$时间差=\frac{水平距离(格)\times扫描时间因数(时间\times格)}{水平扩展倍数}$$

例如图 4－17 中，扫描时间因数置于 10μs/DIV，水平扩展 ×1，测量两点之间的水平距离为 1 格，则有

$$时间差=\frac{1\mathrm{DIV}\times10\mu\mathrm{s/DIV}}{1}=10\mu\mathrm{s}$$

7. 相位差的测量

相位差的测量可参考时间差的测量方法，步骤如下：

（1）按时间差测量方法的步骤（1）～（4）设置有关控制元件。

（2）调整电压衰减器和微调控制器，使两个波形的显示幅度一致。

（3）调整扫速开关和微调，使波形的一个周期在屏幕上显示 9 格。这样水平刻度线上 1DIV＝40°（360°/9）。

（4）测量两个波形相对位置上的水平距离（格）。

（5）按下列公式计算出两个信号的相位差：

$$相位差=水平距离(格)\times40^\circ/格。$$

例如图 4－18 中，测得两个波形相对位置上的距离为 1 格，则按公式可算出：

$$相位差=40^\circ/\mathrm{DIV}\times1\mathrm{DIV}=40^\circ$$

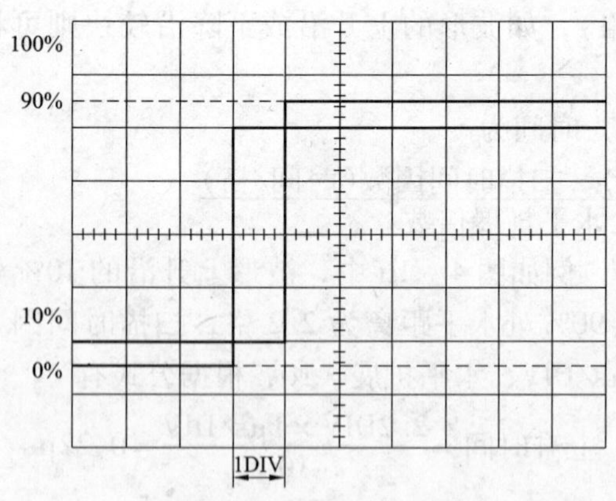

图 4－17　时间差测量

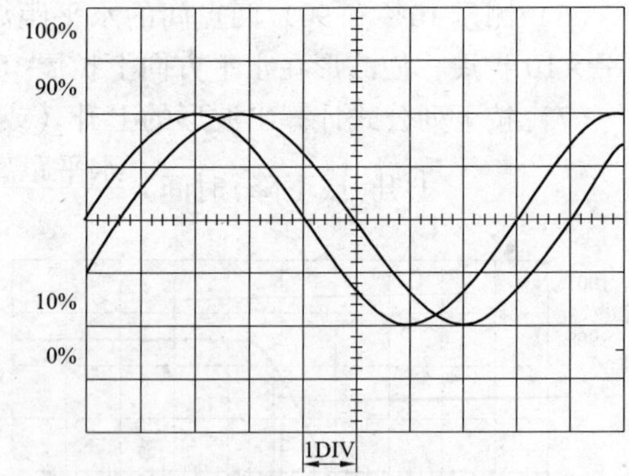

图 4－18　相位差测量

8. 电视场信号测量

本示波器具有电视场信号的测量功能，操作方法如下：

（1）将垂直方式置于“CH1”或“CH2”，将电视信号馈送到被选中的输入通道。

（2）将触发方式置于“电视”，并将扫速开关置于 2ms/DIV。

（3）观察屏幕上显示是否是负极性同步脉冲信号，如果不是，可将信号改善至 CH2 通道，

并将 CH2 移位电位器拉出，使正极性同步脉冲的电视信号倒相为负极性同步脉冲的电视信号。

（4）调整电压衰减器和微调控制器，显示合适的幅度。

（5）如需细致观察电视场信号，则可将水平扩展 ×10。

4－2　SG1651A 型低频信号发生器使用说明

本系列仪器是具有高度稳定性、多功能等特点的函数信号发生器，其外形设计典雅（图4－19）坚固，操作方便，能直接产生正弦波、三角波、方波、锯齿波、脉冲波，且具有 VCF 输入控制功能。TT1 可与 50Ω 输出作同步输出，波形对称可调并具有反向输出，直流电平可连续调节，频率计可作内部频率显示，也可外测频率，电压用 LED 显示。

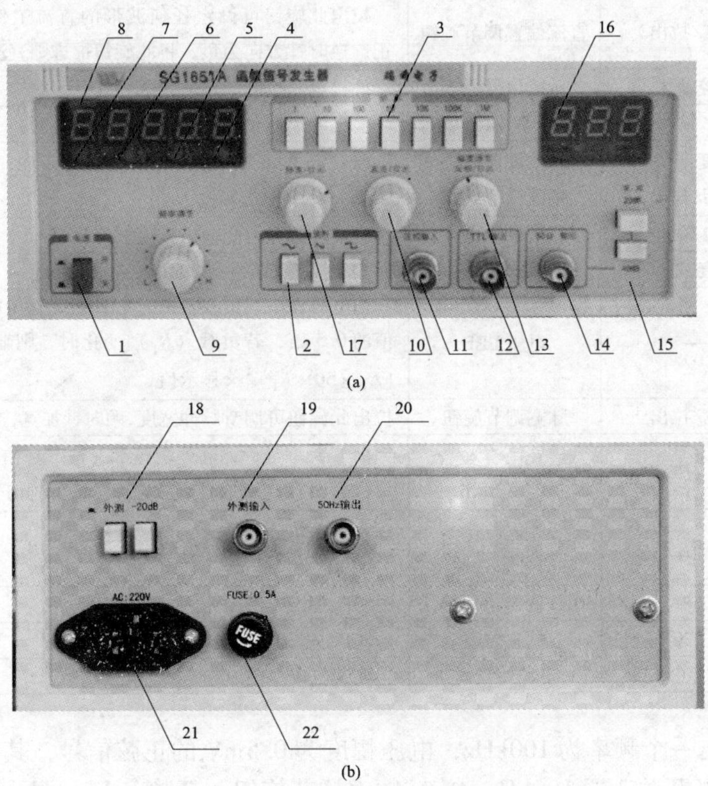

图 4－19　SG1651A 型函数信号发生器

（a）面板正面；（b）面板背面

1. 面板使用说明

SG1651A 型低频信号发生器的采用塑框金属拼接结构，外形新颖美观，体积小，重量轻。电路元器件（包括开关）大多数安装在一块印制电路板上，各调整元器件均置于明显位置，为了便于使用将前后面板的操控元件按顺序标号，如图 4－19 所示，其功能见表 4－2。

表 4－2　　前后面板操控元器件的功能作用

序　号	面板标志	名　称	作　用
1	电源	电源开关	按下开关，电源接通，电源指示灯发亮

续表

序　号	面板标志	名　称	作　用
2	波形	波形选择	输出波形选择与13、19配合可得到正、负向锯齿波和脉冲波
3	频率	频率选择开关	(1) 频率选择开关与9配合选择工作频率; (2) 外测频率时，选择闸门时间
4	Hz	频率单位	指示频率单位，灯亮有效
5	kHz	频率单位	指示频率单位，灯亮有效
6	闸门	闸门显示	此灯闪烁，说明频率计正在工作
7	溢出	频率溢出显示	当频率超过5个LED所显示范围时灯亮
8	—	频率LED	所有内部产生频率或外测时的频率均由此5个LED显示
9	频率调节	频率调节	与3配合选择工作频率
10	直流/拉出	直流偏置调节旋钮	拉出此旋钮可设定任何波形的直流工作点，顺时针方向为正，逆时针方向为负，将此旋钮推进则直流电位为零
11	压控输入	压控信号输入	外接电压控制频率输入端
12	TTL输出	TTL输出	输出波形为TTL脉冲，可作同步信号
13	幅度调节 反相/拉出	斜波倒置开关 幅度调节旋钮	(1) 与19配合使用，拉出时波形反向; (2) 调节输出幅度大小
14	50Ω输出	信号输出	主信号波形由此输出，阻抗为50Ω
15	衰减	输出衰减	按下按键可产生-20dB/-40dB衰减
16	—	电压LED	当电压输出端负载阻抗为50Ω时，输出电压峰-峰值为显示值的0.5倍，若负载(R_1)变化时，则输出电压峰-峰值=$[R_1/(50+R_1)]\times$显示值
17	脉宽/拉出	脉宽调节旋钮	拉出此旋钮可调节脉冲宽度,顺时针加宽,逆时针变窄
18	外测-20dB	外接输入 衰减20dB	(1) 频率计内测和外测频率(按下)信号选择; (2) 外测频率信号衰减选择，按下时信号衰减20dB
19	外测输入	计数器外 信号输入端	外测频率时，信号由此输入
20	50Hz输出	50Hz固定信号输出	50Hz固定频率正弦波由此输出
21	AC 220V	电源插座	50Hz　220V交流电源由此输入
22	FUSE：0.5A	电源熔丝盒	安装电源熔丝

例如，要输出一个频率为100kHz，电压幅度为0.5mV的正弦信号，其调节步骤如下：

(1) 频率选择开关3置100kHz，旋转频率调节旋钮，至频率LED显示100kHz。

(2) 衰减器和幅度调节配合使用。

如在50Ω匹配负载情况下要获得0.5mV输出的电压，先调节幅度旋钮，电压表指示5Vrms，再设置衰减至20dB挡。若输出负载较轻，可视作开路，调节幅度至2.5mV，衰减置20dB，即获得0.5Vrms开路电压，当输出负载变化时，按下式精确计算负载上电压值

$$U_{pp}=[R_1/(50+R_1)]\times\text{显示值}$$

2. 维护与校正

该仪器在规定条件下可连续工作，为了保证良好性能，建议三个月左右校正一次，校正的顺序如下：

(1) 正弦波失真度调整：对称度、直流偏置开关都不拉出，倍乘按下“5k”，频率显示为5kHz，慢慢调整电位器RP105、RP112、RP113，使失真最小，调节频率电位器至频率显示为2.5kHz，

调节 RP104 失真最小，重复几次上述工作此时整个频段（10Hz ~ 100kHz）的失真小于 1%。

（2）方波响应：将工作频率调至 1MHz，校 C604 使方波瞬态响应最佳。

（3）频率计精度调整：将频率计置于“外接”，将标准振荡器 10MHz 输出到外接计数器，闸门时间选择 0.01s，调整 C204 使 LED 显示 10 000.0kHz。

（4）频率计灵敏度调整：信号源输出波形为 100mVrms，频率为 10MHz 的正弦信号输出到外接计数器，调整 RP115 使 LED 显示 10 000kHz。

3. 故障排除

故障排除应在熟悉仪器工作原理情况下进行，应按照稳压电源→三角波发生器→正弦波形成电路→功率放大器→频率计前置放大→计数电路→显示部分的顺序对各单元电路进行逐步检查，发现哪一部分故障应更换对应的集成电路或元器件。

4－3　SG1731SL3A 型直流稳压电源使用说明

SG1731SL3A 型直流稳压电源（图 4－20）具有二路可调输出、稳压与稳流自动转换功能，二路可调电源可以任意串联或并联，在串联或并联的同时又可由一路主电源进行电压或电流（并联时）跟踪。串联时，最小输出电压可达两路电压额定值之和；并联时，最大输出电流可达两路电流额定值之和，二组 LED 分别显示二组电源的输出电压、电流值。其电路由调整管功率损耗电路、运算放大器和带有温度补偿的基准稳压器等组成。二组可调电源均具有可靠的过载保护功能，输出过载或短路都不会损坏电源。本电源具有体积小，性能好，款式新颖等特点，是科研、院校、工厂及电子、电器修理等单位的首选使用电源。

1. 面板各元件的作用（面板各元件编号如图 4－20 所示）

（1）右电表：指示主路输出电压、电流值。

（2）主路输出指示选择开关：选择主路的输出电压或电流值。

（3）从路输出指示选择开关：选择从路的输出电压或电流值。

（4）左电表：指示从路输出电压、电流值。

（5）从路稳压输出电压调节旋钮：调节从路输出电压值。

（6）从路稳流输出电流调节旋钮：调节从路输出电压值（即限流保护点调节）。

（7）电源开关：当此电源开关被置于“ON”时（即开关被揿下时），机器处于“开”状态，此时稳压指示灯亮或稳流指示灯亮。反之，机器处于“关”状态（即开关弹起时）。

（8）从路稳流状态或二路电源并联状态指示灯：当从路电源处于稳流工作状态时或二路电源处于并联状态时，此指示灯亮。

（9）从路稳压状态指示灯：当从路电源处于稳压工作状态时，此指示灯亮。

（10）从路直流输出负接线柱：输出电压的负极，接负载负端。

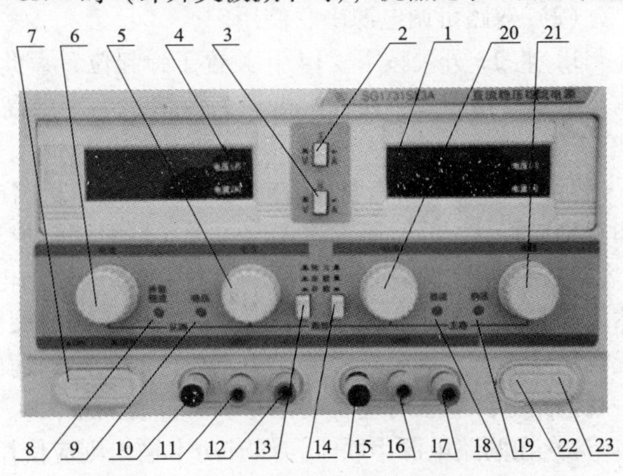

图 4－20　SG1731SL3A 型直流稳压电源

（11）机壳接地端：机壳接大地。

（12）从路直流输出正接线柱：输出电压的正极，接负载正端。

（13）二路电源独立、串联、并联控制开关。

（14）二路电源独立、串联、并联控制开关。

（15）主路直流输出负载接线柱：输出电压的负极，接负载负端。

（16）机壳接地端：机壳接大地。

（17）主路直流输出正接线柱：输出电压的正极，接负载正端。

（18）主路稳流状态指示灯：当主路电源处于稳流工作状态时，此指示灯亮。

（19）主路稳压状态指示灯：当主路电源处于稳压工作状态时，此指示灯亮。

（20）主路稳流输出电流调节旋钮：调节主路输出电流值（即限流保护点调节）。

（21）主路稳压输出电压调节旋钮：调节主路输出电压值。

（22）固定输出正接线柱：输出电压的正极，接负载正端。

（23）固定输出负接线柱：输出电压的负极，接负载负端。

2. 使用说明

（1）双路可调电源独立使用。

1）将 13 和 14 开关分别置于弹起位置。

2）可调电源作为稳压源使用时，首先应将稳流调节旋钮 6 和 20 顺时针调节到最大，然后打开电源开关 7，并调节电压调节旋钮 5 和 21 使从路和主路输出直流电压至需要的电压值，此时稳压状态指示灯 9 和 19 发光。

3）可调电源作为稳流源使用时，在打开电源开关 7 后，先将稳压调节旋钮 5 和 21 顺时针调节到最大，再将稳流调节旋钮 6 和 20 反时针调节到最小，然后接上所需负载，再顺时针调节稳流调节旋钮 6 和 20 使输出电流至所需要的稳定电流值。此时稳压状态指示灯 9 和 19 熄灭，稳流状态指示灯 8 和 18 发光。

4）在作为稳压源使用时稳流电流调节旋钮 6 和 20 一般应该调至最大，但是本电源也可以任意设定限流保护点。设定办法为：打开电源，反时针将稳流调节旋钮 6 和 20 调到最小，然后短接输出正、负端子，并顺时针调节稳流调节旋钮 6 和 20 使输出电流等于所要求的限流保护点的电流值，此时限流保护点就设定好了。

（2）双路可调电源串联使用。

1）将 13 开关按下，14 开关置于弹起位置，此时调节主电源电压调节旋钮 21，从路的输出电压严格跟踪主路输出电压，使输出电压最高可达两路电压的额定值之和（即端子 10 和 17 之间的电压）。

2）在两路电源串联以前应先检查主路和从路电源的负端是否有连接片与接地端相联，如有则应将其断开，不然在两路电源串联时将造成从路电源的短路。

3）当两路电源处于串联状态时，两路的输出电压由主路控制，但是两路的电流调节仍然是独立的。因此在两路串联时应注意电流调节旋钮 6 的位置。如旋钮 6 在反时针到底的位置或从路输出电流超过限流保护点，此时从路的输出电压将不再跟踪主路的输出电压。所以一般两路电源串联时应将旋钮 6 顺时针旋到最大。

4）在两路电源串联时，如有功率输出则应使用与输出功率相对应的导线将主路的负端和从路的正端可靠短接。因为机器是通过一个开关短接的，所以当有功率输出时，短接开关将通过输出电流，这样会降低整机的可靠性。

（3）双路可调电源并联使用。

1）将开关13按下，开关14也按下，此时两路电源并联，调节主电源电压调节旋钮(21)，两路输出电压一样。同时从路稳流指示灯8发光。

2）在两路电源处于并联状态时，从路电源的稳流调节旋钮6不起作用。当电源做稳流源使用时，只需调节主路的稳流调节旋钮20，此时主、从路的输出电流均受其控制并相同，其输出电流最大可达二路输出电流之和。

3）在两路电源并联时，如有功率输出则应用输出功率相对应的导线分别将主、从电源的正端和正端、负端和负端可靠短接，以使负载可靠的接在两路输出的输出端子上。不然，如将负载只接在一路电源的输出端子上，将有可能造成两路电源输出电流的不平衡，同时也有可能造成串联开关的损坏。

（4）本电源的输出指示为2.5级表头，如果要想得到更精确值需在外电路用更精密测量仪器校准。

（5）注意事项。

1）本电源设有完善的保护功能：两路可调电源具有限流保护功能，由于电路中设置了调整管功率损耗控制电路，因此当输出发生短路现象时，此时大功率调整管上的功率损耗并不是很大，完全不会对本电源造成任何损坏。但是短路时本电源仍有功率损耗，为了减少不必要的机器老化和能源消耗，所以应尽早发现并关掉电源，将故障排除。

2）使用完毕后，应放在干燥通风的地方，并保持清洁，若长期不使用应将电源插头拔下后再存放。

3）对稳定电源进行维修时，必须将输入电源断开。

4-4　SG2172型晶体管毫伏表使用说明

SG2172交流毫伏表轻盈小巧（图4-21），造型美观，使用方便，具有测量精度高，频率特性好和测量范围广等特点。

1. 面板各元件使用说明（元件编号见图4-21）

（1）电源（POWER）开关：将电源开关按键弹出即为“关”位置，将电源线接入，按下电源开关，以接通电源。

（2）显示窗口：表头指示输入信号的幅度。黑色指针指示CH1输入信号幅度，红色指针指示CH2输入信号幅度。

（3）零点调节：开机前，如果表头指针不在机械零点处，应用小一字螺钉旋具将其调至零点，黑框内调黑指针，红框内调红指针。

（4）量程旋钮：开机前，应将量程旋钮调至最大量程处，然后，当输入信号送至输入端后，调节量程旋钮，使表头指针指示在表头的适当位置，左

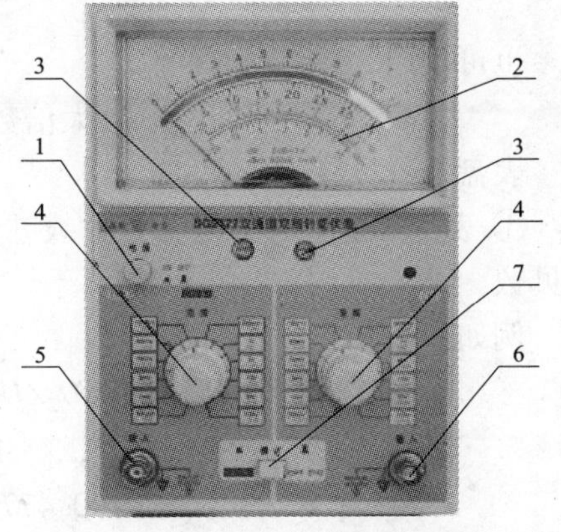

图4-21　SG2172型交流毫伏表

1—电源开关；2—显示窗口；3—零点调节；4—量程旋钮；5、6—输入端口；7—方式开关

边为 CH1 的量程旋钮，右边为 CH2 的量程旋钮。

(5) 输入（INPUT）端口（引脚5）：输入信号由 CH1 端口输入。

(6) 输入（INPUT）端口（引脚6）：输入信号由 CH2 端口输入。

(7) 方式开关（MODE）：当此开关弹出时，CH1 和 CH2 量程旋钮分别控制 CH1 和 CH2 的量程，当此开关按入时，CH2 量程旋钮失去作用，CH1 量程旋钮同时控制 CH1 和 CH2 的电压量程。

(8) 接地选择开关：此开关在后面板上（图略），当此开关拨向上方，CH1 和 CH2 不共地，当此开关拨向下方，CH1 和 CH2 共地。

2. 基本操作方法

将电源线插入后面板上的交流插孔，打开电源。

(1) 将输入信号由输入端口（INPUT）送入交流毫伏表。

(2) 调节量程旋钮，使表头指针位置在大于或等于满刻度的1/3 处。

(3) 将交流毫伏表的输出用探头送入示波器的输入端，当表针指示位于满刻度时，其输出应满足指标。

(4) 将方式开关按入，将两个交流信号分别送入交流毫伏表的两个输入端，调节 CH1 量程旋钮，两只指针分别指示两个信号的交流有效值。

(5) dB 量程的使用。表头有两种刻度。

1）1V 作 0dB 的 dB 刻度值。

2）0.775V 作 0dBm（1mW　600Ω）的 dBm 的刻度值。

dB 定义如下

$$\text{dB} = 10\lg(P_2/P_1)$$

如果功率 P_2、P_1 的阻抗是相等的，则其比值也可以表示为

$\text{dB} = 20\lg(U_2/U_1) = 20\lg(I_2/I_1)$，dB 原是作为功率的比值，其他值的对数如电压的比值或电流的比值，也可以称为 dB。

例如：当一个输入电压，幅度为 300mV，其输出电压为 3V 时，其放大倍数是：

$$3\text{V}/300\text{mV} = 10$$

也可以用 dB 表示如下

$$\text{放大倍数} = 20\lg 3\text{V}/300\text{mV} = 20\text{dB}$$

表盘上分贝线分为：

① 表盘红色上线为电压分贝线，是输入电压（不超过相应的量程）与 1V 比较而得的分贝数

例如：300μV

$$\begin{aligned}\text{dB} &= 20\lg U_2/U_1 = 20\times\lg[300\times10^{-6}\text{V}/(1\text{V})]\\ &= 20(\lg 3\times10^{-4}) = 20(\lg 3 - 4)\\ &= 20(0.477-4) = 20(-3.52) = -70.46\text{dB}\end{aligned}$$

表盘上 300μV 对应的分贝值为 -0.46dB，那么电平值为

$$-70\text{dB} + (-0.46\text{dB}) = -70.46\text{dB}(\text{与上面计算的结果一致})$$

② 表盘红色下线为功率分贝线，dBm 是 dB（mW）的缩写，它表示在 600Ω 负载上获得的功率与在 600Ω 上获得的 1mW 功率的比值。600Ω 负载获得 1mW 的功率时电压

为0.775V。

计算如下：

$$P = U^2/R$$
$$1\text{mW} = U^2/600$$
$$0.001 = U^2/600$$
$$U = \sqrt{0.6}$$
$$U = 0.775\text{V}$$

又：$\text{dBm} = 10\lg P_2/P_1 = 10\lg P_2/1\text{mW}$（必须和在600Ω上获得的功率1mW比较，即$P_2$为600Ω上获得的功率）。

$$\text{dBm} = 10\lg\{(U_2^2/600)/(U_1^2/600)\} = 10\lg U_2^2/U_1^2$$
$$= 20\lg U_2/U_1 = 20\lg U_2/0.775$$

如：在600Ω负载上测得1V，那么

$$\text{dBm} = 20\lg 1/0.775 = 20\lg 1.29$$
$$= 20 \times 0.110 = 2.2\text{dBm}$$

3）功率或电压的电平由表面读出的刻度值与量程开关所在的位置相加而定。

例如：刻度值　　量程　　　　电平

（－1dB）＋（＋20dB）＝＋19dB

（＋2dB）＋（＋10dB）＝＋12dB

（6）盖板上输出端子的幅值意义。在允许的输入量程内，每挡满偏时，其输出端均为0.1V有效值，如在同样挡位输入电压减小时，0.1V均按相应比例减小。它没有特殊含义，一般毫伏表没有。

3. 使用注意事项

（1）避免过冷和过热，不可将交流毫伏表长期暴露在日光下，或靠近热源的地方，如火炉。

（2）不可在寒冷天气时放在室外使用，仪器温度T的范围应是0～40℃。

（3）避免炎热与寒冷环境的交替。不可将交流毫伏表从炎热的环境中突然转到寒冷的环境或相反，这将导致仪器内部形成凝结。

（4）避免湿度、水分和灰尘，如果将交流毫伏表放在湿度大或灰尘多的地方，可能导致仪器操作出现故障，最佳使用相对湿度范围是35%～90%。

（5）不可将物体放置在交流毫伏表上，注意不要堵塞仪器通风孔。

（6）仪器不可遭到强烈的撞击。

（7）不可将导线或针插进通风孔。

（8）不可用连接线拖拉仪器。

（9）不可将烙铁放在仪器框架或表面。

（10）避免长期倒置存放和运输。如果仪器不能正常工作，重新检查操作步骤，如果仪器确已出现故障，请与您最近的销售服务处联系，以便修理。

（11）不可将磁铁靠近表头。

（12）使用之前的检查步骤如下：

1）检查表针：检查表针是否指在机械零点，如有偏差，应将其调至机械零点。

2）检查量程旋钮是否指在最大量程处，如有偏差，应将其调至最大量程处。

3）检查电压，参看表4－3可知该交流毫伏表的正确工作电压范围，在接通电源之前应检查电源电压。

表4－3　毫伏表的工作电压

额定电压	工作电压范围
~220V	交流198~242V

4）为了防止由于过电流引起的电路损坏，应使用正确型号的熔断器（见表4－4）。

表4－4　SG2172型熔断器

型　号	SG2172
输入~220V	0.3A

如果熔断器熔断，仔细检查原因，修理之后换上正确型号的熔断器。

4－5　VC9803A＋型数字万用表使用说明

VC 9803A＋型数字万用表采用大规模集成电路3节7号电池供电的特殊电源电路，经济实用，更换方便。

放电保护采用200μF电力电容，采用自复式电子全保护电路设计，防误操作损坏仪表。配K型探头，具有－20℃～＋400℃温度测量功能，独具特色电池内阻测算功能（VC9801A＋）。符合CAT－11600V安全标准。

1. 使用前注意事项

（1）操作者必须仔细阅读安全注意事项和使用说明。

（2）开机前应断开所有测量连接。

（3）检查表笔应插在测量功能确定的仪表输入插孔中，并可靠接触。

（4）核对测量功能开关选择是否正确，如图4－22所示。

（5）开启电源后，观察LED显示有无低压指示符号：[电池符号]。

2. 直流电压测量（图4－23）

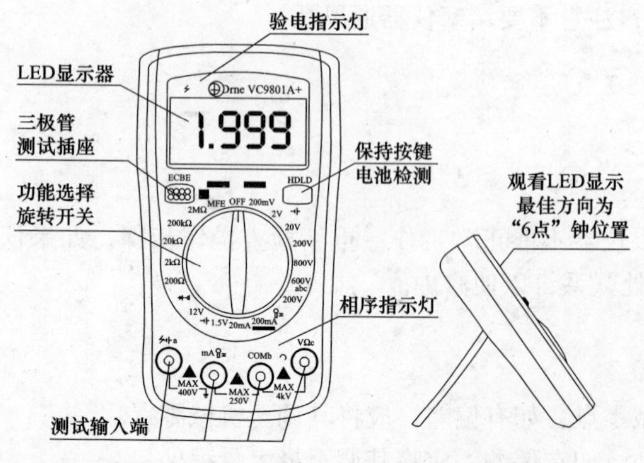

图4－22　VC9803A＋型数字万用表

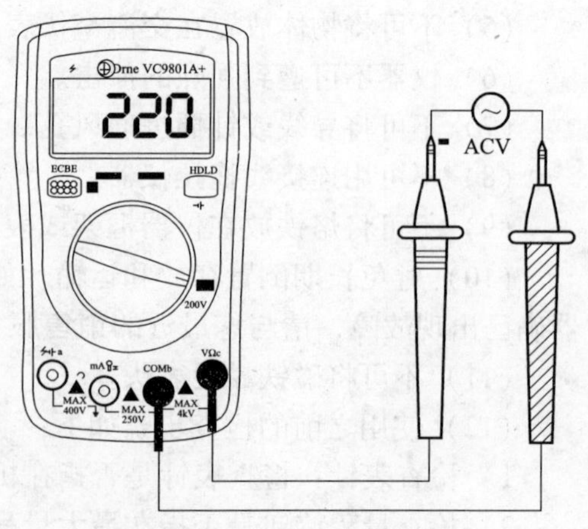

图4－23　直流电压测量

（1）将功能开关置于直流电压挡。

（2）将黑表笔插入 COM 插孔，红表笔插入 V 插孔内。

（3）将测试表笔探针连接到被测电源或负载上。

（4）此时，LED 显示数值为被测值，红表笔连接一端为“正”。

（5）如 LED 上显示“－”号，则红表笔连接一端为“负”。

（6）200mV 量程可以外接 10A 分流器测量大电流，测量时分流器接 COM 及 V 输入端，然后将表笔插在分流器插孔上，再串联到测量回路测试。

3. 交流电压测量（图 4－24）

（1）将功能开关置于交流电压挡。

（2）将黑表笔插入 COM 插孔，红表笔插入 V 插孔内。

（3）用表笔探针连接被测电源或负载，此时 LED 显示数值为被测交流电压的有效值。

4. 直流电流测量（图 4－25）

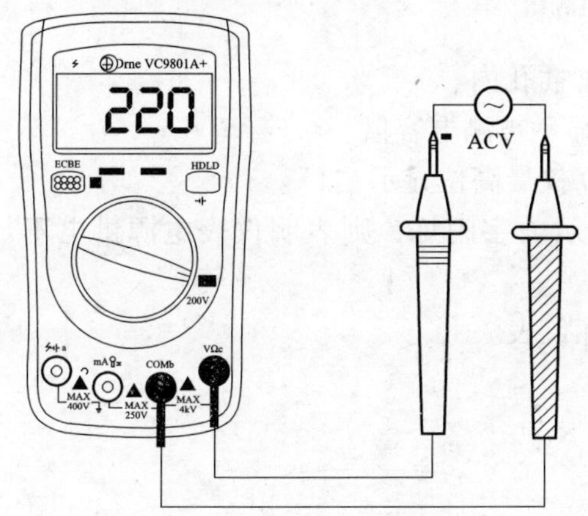

图 4－24 交流电压测量

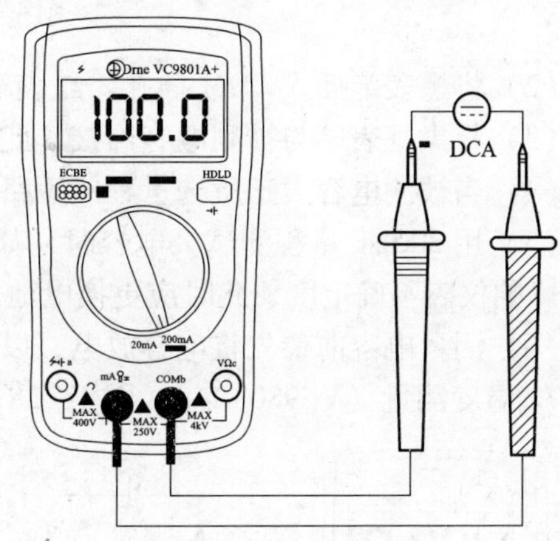

图 4－25 直流电流测量

（1）将功能开关置于直流电流挡。

（2）将黑表笔插入 COM 插孔，红表笔插入 mA 插孔内。

（3）将测试表笔串联到被测电路回路里。

（4）此时 LED 显示数值为被测值，红表笔连接一端为“正”。

（5）如 LED 上显示“.”号，则红表笔连接一端为“负”。

（6）受电子保护电路影响，测量 100mA 以上电流时，输入电阻压降可能大于 1V，且测试时间不能大于 20s。

5. 电阻测量（图 4－26）

（1）将功能开关置于电阻挡。

（2）将黑表笔插入 COM 插孔，红表笔插入 Ω 插孔内。

（3）将黑红表笔与被测电阻连接，此时 LED 显示被测电阻值。

（4）当被测电阻大于所选量程或开路时，LED 仅最高位显示“1”。

6. 电容测量（VC9802A＋/VC9803A＋，图 4－27）

（1）将功能开关置于电容挡。

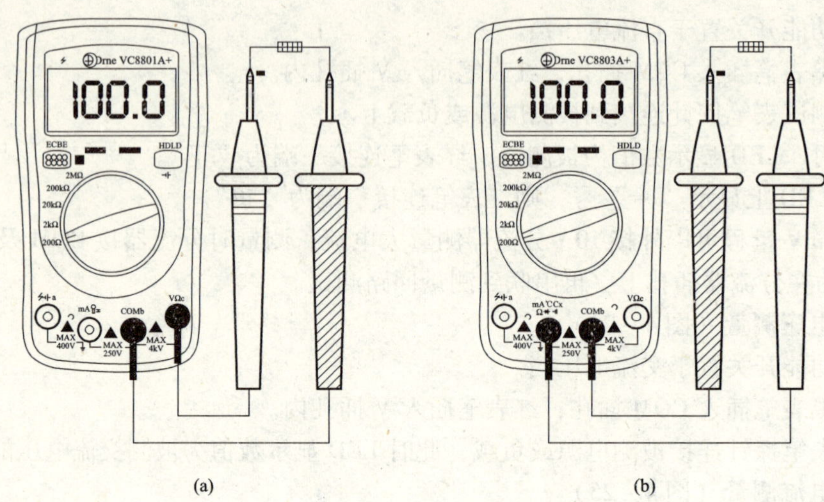

图 4－26　电阻测量

（2）将黑表笔插入 COM 插孔，红表笔插入 Cx 插孔内。

（3）将黑红表笔与被测电容连接，此时 LED 显示被测电容值。

（4）当被测电容大于所选量程或短路时，LED 仅最高位显示“1”。

（5）用 200μF 量程测试大电容时，如 LED 显示数字闪烁，则表明仪表电源供电不足，这将影响仪表不确定度，此时应更换电池。

（6）测量电容前请先将电容放电，以避免损坏仪表。

7. 温度测量（VC9803A＋，图 4－28）

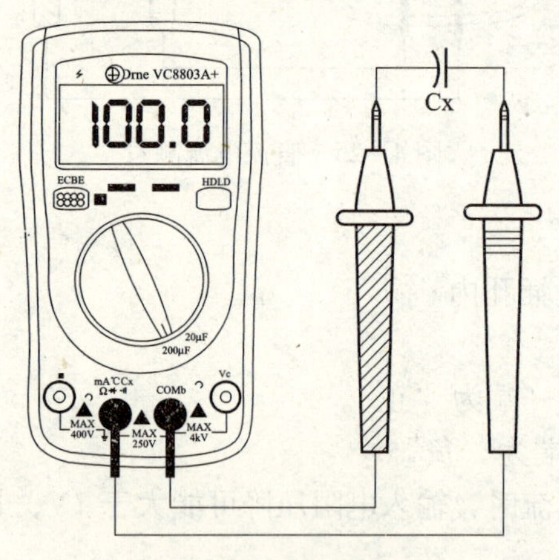

图 4－27　电容测量

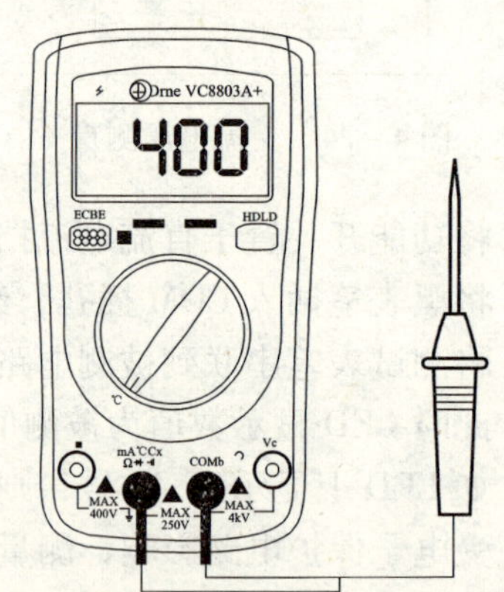

图 4－28　温度测量

（1）将功能开关置于℃挡。

（2）将 K 型温度传感器负端插入 COM 插孔，正端插入℃端，用 K 型传感器不锈钢探针顶端接触被测物体表面（液体），此时 LED 显示被测温度值。

（3）如环境温度发生变化或自复式电子保护动作后，测量仪表应放置 30min 后才可测量温度，否则读数会有偏差。

（4）另外，选择专用 K 型传感器可测量 400℃以上温度。

8. 二极管及通断测试（图4－29）

（1）按图示连接，将功能开关置于→•))挡，仪表进入二极管测试状态，LED显示“1”。当红表笔连接二极管正端，黑表笔接负端时，LED应显示被测二极管正向压降近似值，如LED显示“1”，说明被测二极管正向不导通（硅管正向压降约为0.5～0.7V，锗管约为0.2～0.3V）。

（2）当被测元件或回路两端电阻约小于30Ω时，蜂鸣器发声提示导通。

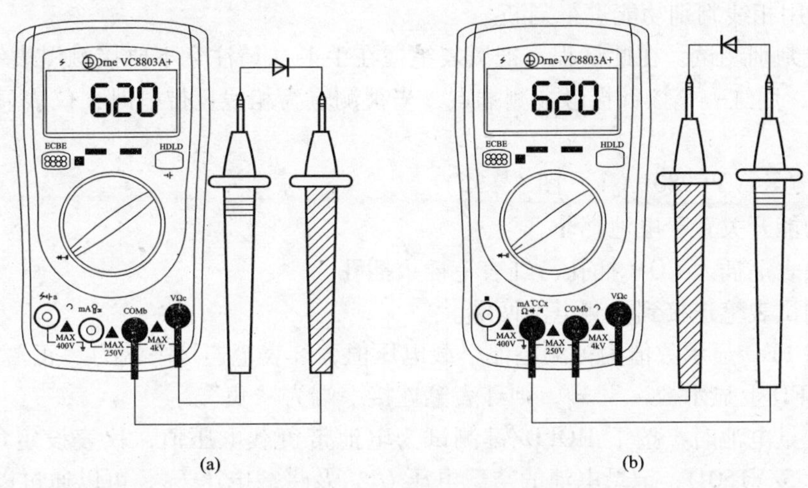

图4－29 二极管及通断测试

9. 三极管测量（图4－30）

（1）将功能开关置于hFE挡，仪表显示“000”。

（2）根据三极管类型（如PNP/NPN）选择对应的测试插孔位置。

（3）将三极管脚位插入对应的测试插孔，LED显示值为被测三极管hFE（三极管的电流放大倍数）值。如显示不正常说明被测三极管脚位不对或损坏。

10. 相序测试/相线判别（图4－31）

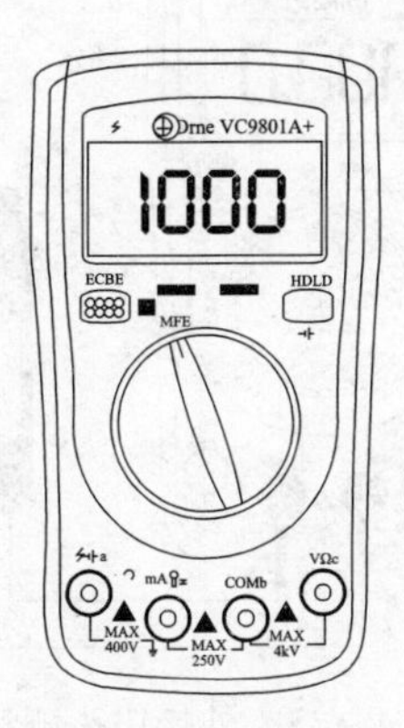

图4－30 三极管测量

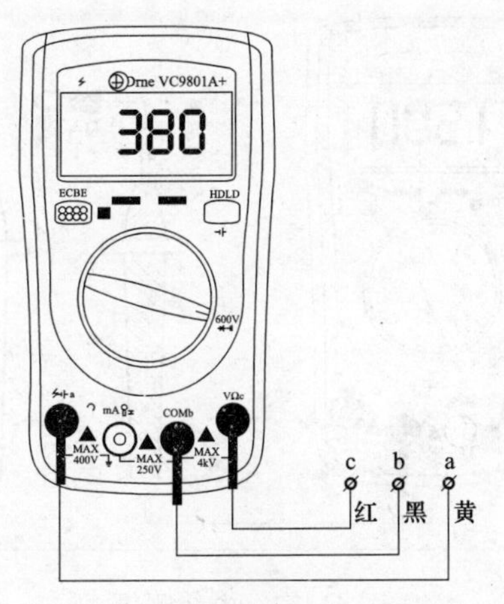

图4－31 相序测试/相线判别

（1）旋转开关选择 600V ~/abc 量程。

（2）将红表笔插入 c 输入端，黑表笔插入 b 输入端，黄色连接线插入 a 输入端。

（3）将黄黑红接线夹及表笔探针直接连接三相电端点，此时如相序指示灯亮，说明此连接为正相序，端点对应为：黄/a，黑/b，红/c。

（4）如上述连接时指示灯不亮，请将红黑表笔所连接端点对换再行测试，此时测试指示灯亮，说明此连接为正相序，端点对应关系同上。如此时指示灯仍不亮，说明有缺相或连接有误，应采用相线判别功能进行判断。

（5）相线判别测试：在此量程，把黑表笔握在手上（请注意不要接触黑表针），再将红表笔插入⚡端，用红表笔探针接触被测端点，当被测点为相线且带电时，仪表显示器上端的指示灯发亮。

11. 电池测量（VC9801A +，图 4 – 32）

（1）将功能开关置于电池挡⊣⊢。

（2）将黑表笔插入 COM 插孔，红表笔插入插孔。

（3）将测试表笔连接到被测电池两端。

（4）此时 LED 显示数值为被测电池空载电压值，红表笔连接一端为“正”。

（5）如 LED 上显示“ – ”号，则红表笔连接一端为“负”。

（6）在测量电池时，按下 HOLD/键测试为电池带负载电压值，仪表设定负载 R_0 约为 12V/900Ω，1.5/V150Ω，记录电池的空载电压 U_1，及带载电压 U_2，可以通过以下公式计算出电池内阻 R_i。

$$R_i = \frac{U_1 - U_2}{R_0}$$

（本计算只供参考）例如：测得 $U_1 = 1.550\text{V}$，$U_2 = 1.450\text{V}$，已知电池 1.5V 挡，$R_0 = 150\Omega$，则

$$R_X = \frac{1.55 - 1.45}{150}\Omega \approx 0.000\,7\Omega$$

12. 外接钳头测量（图 4 – 33）

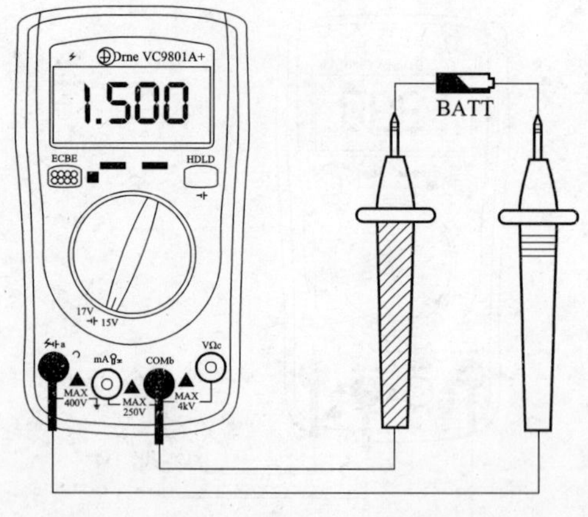

图 4 – 32　电池测量

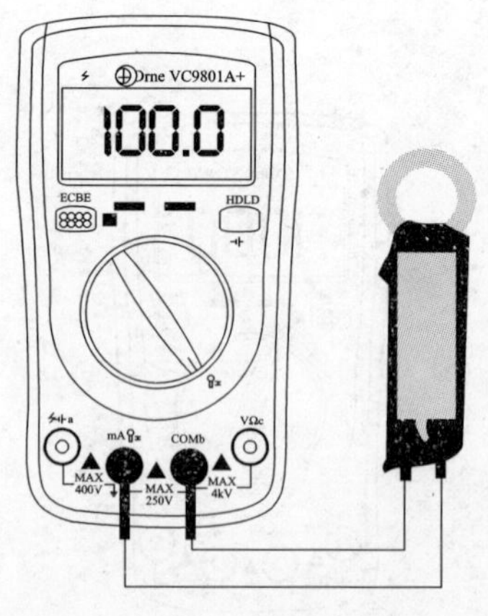

图 4 – 33　外接钳头测量

（1）将功能开关⚲置于≈挡。

（2）将附件输入负端连接 COM 端，⚲正端连接到≈端。

（3）将外接附件钳头夹住被测导线，此时 LED 读数为被测交流电流的有效值。

4－6　THM－1 型模拟电路实验箱使用说明

THM－1 型模拟电路实验箱是根据“模拟电子技术”教学大纲的要求，配合高等院校、职业技术学院、中等专业学校学生学习“模拟电子技术”等课程而制作、生产的新一代实验箱，它包含了全部模拟电路的基本教学实验内容及有关课程设计的内容。

本实验箱主要是由一整块单面敷铜印制线路板构成，其正面（非敷铜面）印有清晰的图形线条、字符，使其功能一目了然。板上设有可靠的各集成块插座、镀银长紫铜针管插座及高可靠、高挡弹性插件；板上还提供实验必需的直流稳压电源、低压交流电源以及相关的电子、电器元器件等。故本实验箱具有实验功能强、资源丰富、使用灵活、接线可靠、操作快捷、维护简单等优点。本实验箱所有的元器件均经精心挑选，可放心让学生进行实验。

如图 4－34 所示，整个实验功能板放置并固定在体积为 0.46m×0.36m×0.14m 的高强度 ABS 工程塑料保护箱内，净重 6kg，造型美观大方。

图 4－34　THM－1 型模拟电路实验箱的平面图

1. 组成和使用说明

（1）实验箱的供电

实验箱的后方设有带熔丝管（0.5A）的 220V 单相交流二芯电源插座（配有三芯插头电源线一根）。箱内设有两只降压变压器和五路直流稳压电源，为实验提供多组低压直流和交流电源。

（2）单面敷铜印制线路板上包含以下各部分内容：

1）正面左上方装有带灯电源总开关。

2）高性能双列直插式圆脚集成电路插座4只（其中40P 1只，14P 1只，8P 2只）。

3）400多只高可靠的自锁紧式、防转、叠插式插座。它们与集成电路插座、镀银针管座以及其他固定器件、线路的连线已设计在印制线路板上。板正面印有黑线条连接的器件，表示反面（即印制单线路板一面）已装上器件并接通。插件采用直插弹性结构，其插头与插座之间的导电接触面很大，接触电阻极其微小（接触电阻≤0.003Ω，使用寿命>10 000次以上），同时插头与插头之间可以叠插，从而可形成一个立体布线空间，使用起来极为方便。

4）400多根镀银长（15mm）紫铜针管插座，供实验时接插小型电位器、电阻、电容、三极管及其他电子器件之用（它们与相应的锁紧插座已在印制线路板一面连通）。

5）板的反面都已装接有与正面丝印相对应的电子元器件（如7812、7815、7915、LM317三端集成稳压块各1只，3DG6晶体三极管3只、3DG12 2只、3CG12 1只以及3DJ6F场效应管、BT33单结晶体管、3CT3A晶闸管2只、2CW54二极管、2DW7稳压管、整流桥堆、功率电阻、电容等元器件）。

6）装有三只多圈可调的精密电位器（1kΩ、10kΩ各1只）和碳膜电位器（100kΩ 1只）及其他电器，如蜂鸣器（BUZZ）、12V信号灯、发光二极管（LED）、扬声器（0.25W、8Ω）、振荡线圈、复位按钮和小型钮子开关、继电器（Relay）等。

7）精度为1mA、内阻为100Ω的直流毫安表一只，该表作为该实验的器件之一，供实验时测量电流。

8）有单独一只降压变压器为实验提供低压交流电源，在直流电源左上方的紧锁插座处输出6V、10V、14V及两路17V低压交流电源（AC50Hz），为实验提供所需的交流低压电源。只要开启电源总开关，就可输出相应电压值。

9）提供±5V、0.5A和±15V、0.5A四路直流稳压电源，每路均有短路保护自恢复功能。其中，+12V电源有短路告警指示。有相应的电源输出插座及相应的LED发光二极管指示。只要开启电源分开关ON/OFF，就有相应的±5V或±12V输出指示。

10）本实验箱附有充足的长短不一的实验专用连接导线一套。

（3）主板上设有可装、卸固定线路实验小板弹性蓝色插拔座四只，配有共射极单管放大器、负反馈放大器实验板、射极跟随器实验板、RC正弦波振荡实验板、差动放大器实验板及OTL功率放大器实验板共五块，可采用固定线路及灵活组合进行实验，这样实验更加灵活方便。

2. 实验内容

本实验箱能完成的实验项目如下：

（1）常用电子仪器的使用（示波器原理及使用见实验附录）。

（2）晶体管共射极单管放大器。

（3）场效应管放大器。

（4）负反馈放大器。

（5）射极跟随器。

（6）差动放大器。

（7）集成运算放大器指标测试。

（8）集成运算放大器的基本应用（Ⅰ）——模拟运算电路。

（9）集成运算放大器的基本应用（Ⅱ）——有源滤波器。

（10）集成运算放大器的基本应用（Ⅲ）——电压比较器。

（11）集成运算放大器的基本应用（Ⅳ）——波形发生器。

（12）RC 正弦波振荡器。

（13）LC 正弦波振荡器。

（14）函数信号发生器的组装与调试。

（15）压控振荡器。

（16）低频功率放大器（Ⅰ）——OTL 功率放大器。

（17）低频功率放大器（Ⅱ）——集成功率放大器。

（18）直流稳压电源（Ⅰ）——串联型晶体管稳压电源。

（19）直流稳压电源（Ⅱ）——集成稳压器。

（20）晶闸管可控整流电路。

（21）应用实验——温度监测及控制电路。

（22）综合实验——万用表的设计与调试。

3. 使用注意事项

（1）使用前应先检查各电源是否正常，检查步骤如下：

1）关闭实验箱的所有电源开关，然后用随箱的三芯电源线接通实验箱的 220V 交流电源。

2）开启实验箱上的电源总开关（置于开端），则相应的船形开关指示灯亮。

3）开启直流稳压电源的三组开关（置于开端），则与 ±5V 和 ±12V 相对应的四只 LED 发光二极管应点亮。

4）用多用表交流低压挡小于 25V 挡量程，分别测量 AC 50H 6V、10V、14V 的锁紧插座对“0”的交流电压，是否一致，再检查两处 17V 插座对“0”的交流电压是否正常。

（2）接线前，务必熟悉实验板上各元器件的功能、参数及其接线位置，特别要熟知各集成块插脚引线的排列方式及接线位置。

（3）实验接线前，必须先断开总电源与各分电源开关，严禁带电接线。

（4）接线完毕，检查无误后，再插入相应的集成电路芯片才可通电，也只有在断电后，方可插拔集成芯片。严禁带电插拔集成芯片。

（5）实验始终实验板上要保持整洁，不可随意放置杂物，特别是导电的工具和多余的导线等，以免发生短路等故障。

（6）本实验箱上的各挡直流电源设计时，仅供实验使用，一般不外接其他负载。若作他用，则要注意使用的负载不能超出本电源的使用范围。

（7）实验完毕，应及时关闭各电源开关（置关端），并及时清理实验板面，整理好连接导线并放置规定的位置。

（8）实验时需用到外部交流供电的仪器，如示波器等，这些仪器的外壳应妥当接地。

4－7 THD－1型数字电路实验箱使用说明

THD－1型数字电路实验箱是根据“数字电子技术”教学大纲的要求，配合高等院校、职业技术学院、中等专业学校学生学习有关“数字电子技术”等课程而制作的新一代实验箱，它包含了全部数字电路的基本教学实验及有关课程设计的实验。

如图4－35所示，本实验箱主要是由一大块单面线路板制成，其正面印有清晰的图形线条、字符，使其功能一目了然，板上设有可靠的多管脚集成块插座及镀银长紫铜针管插座等几百个元器件。实验连接线采用高可靠、高性能的高挡弹性插件；板上还装有信号源、三态逻辑笔、直流稳压电源以及控制、显示等部件。故本实验箱具有实验功能强、资源丰富、使用灵活、接线可靠、操作、维护简单等优点。本实验箱所用的元器件均经精心选购，可放心让学生进行实验。

整个实验功能板放置并固定在体积为0.16m×0.36m×0.14m的高强度ABS工程塑料保护箱内。实验箱净重6kg，造型美观大方。

图4－35 THD－1型数字电路实验箱

1. 组成和使用

（1）实验箱的供电。实验箱的后方设有带熔丝管（0.5A）的220V单相三芯电源插座（配有三芯插头电源线一根）。箱内设有一只降压变压器，供四路直流稳压电源用。

（2）单面敷铜印制线路板上包含以下各部分内容：

1）带灯船形电源总开关一只。

2）高性能双列直插式圆脚集成电路插座17只（其中40P 1只、28P 1只、24P 1只、

20P 1 只、18P 2 只、16P 5 只、14P4 1 只、8P 2 只)。

3) 400 多个高可靠的锁紧式、防转、叠插式插座，它们与集成电路插座、镀银针管座以及其他固定器件线路等已在印制板面连接好，正面板上有黑线条连接的地方表示反面（即印制线路板面）已接好。

插件采用直插弹性结构，其插头与插座的导电接触面很大。接触电阻极其微小（接触电阻≤0.003Ω，使用寿命>10 000 次以上）。插头与插头之间可以叠插，从而可形成一个立体布线空间，使用极为方便。

4) 几十根镀银长 15mm 紫铜针管插座，供实验时接插小型电位器、电阻、电容等分立元件之用（它们与相应的锁紧插座已在印制电路板面连通）。

5) 四组 BCD 码二进制七段译码器 CD4511 与相应的共阴 LED 数码显示管（它们在印刷线路板面已连接好，只要接通 +5V 直流电源，并在每一位译码器的四个输入端 A、B、C、D 处加入 0000 ~ 1001 之间的代码，数码管即显示出 0 ~ 9 的十进制数字。

6) 4 位 BCD 码十进制码拨码开关组。每一位的显示窗指示出 0 ~ 9 中的一个十进制数字，在 A、B、C、D 四个输出插口处输出相对应的 BCD 码。每按动一次“+”或“-”键，将顺序地进行加 1 计数或减 1 计数。

若将某位拨码开关的输出 A、B、C、D 连接在（5）的一位译码显示的输入端口 A、B、C、D 处，当接通 +5V 电源时，数码管将点亮并显示出与拨码开关所指示的一致的数字。

7) 十五个逻辑开关及相应的开关电平输出插口。15 位逻辑电平输出在接通 +5V 电源后，当开关向上拨，指向“高”，则输出口呈现高电平；当开关向下拨，指向“低”，则输出口呈现低电平。

8) 连续脉冲源。在接通 +5V 电源后，在输出口将输出方波脉冲信号。其基频的输出频率由调节频率范围波段开关的位置决定，并通过频率细调多圈电位器对输出频率进行细调，并有 LED 发光二极管指示有否脉冲信号输出。当频率范围开关置于 1Hz 挡时，LED 发光指示灯应按 1Hz 左右的频率闪亮。

9) 单次脉冲源。每按一次单次脉冲按键，在输出口分别送出一个负、正次脉冲信号，并有 LED 发光二极管指示脉冲源状态。

10) 三态逻辑笔。开启 +5V 电源，将被测的逻辑电平信号通过连接线插在输入口，三个 LED 发光二极管即告知被测信号的逻辑电平的高低。“H”亮表示为高电平（>2.4V），“L”亮表示为低电平（<1.5V），“R”亮表示为高阻态或电平处于 0.6V ~ 2.4V 之间的不高不低的电平值。

11) 直流稳压电源。提供 ±5V、0.5A 和 ±15V、0.5A 四路直流稳压电源，每路均有短路保护自恢复功能。其中 -5V 电源有短路声光报警，有相应的电源输出插座及相应的 LED 指示发光二极管。只要开启电源分开关，就有相应的 ±5V 或 ±15V 输出。

12) 本实验箱中还设有蜂鸣器 1 只、指示发光二极管 1 只、继电器（Relay）1 只、复位按钮 2 只、10kΩ 多圈电位器 1 只、100kΩ 碳膜电位器 1 只、32768Hz 晶振 1 只，0.1μF 电容 2 只，并附有充足的实验连接导线一套。

13) 面板上设有 4 个蓝色固定插座，可用来插固定小线路板，以便扩展实验。

2. 实验内容

本实验能完成的实验项目如下：

（1）晶体管开关特性、限幅器与钳位器。

（2）TTL 集成逻辑门的逻辑功能和参数测试。

（3）CMOS 集成逻辑门的逻辑功能与参数测试。

（4）集成逻辑电路的连接和驱动。

（5）组合逻辑电路的设计与测试。

（6）译码器及其应用。

（7）数据选择器及其应用。

（8）触发器及其应用。

（9）计数器及其应用。

（10）移位寄存器及其应用。

（11）脉冲分配器及其应用。

（12）使用门电路产生脉冲信号——自激多谐振荡器。

（13）单稳态触发器与施密特触发器——脉冲延时与波形整形电路。

（14）555 时基电路及其应用。

（15）DA、AD 转换器——综合性实验。

（16）智力竞赛抢答装置——综合性实验。

（17）电子秒表——综合性实验。

（18）三位半直流数字电压表——综合性实验。

（19）数字频率计——综合性实验。

（20）拔河游戏机——趣味性实验，综合性实验。

（21）随机存取存储器 2114A 及其应用——综合性实验。

3. 使用注意事项

（1）使用前应先检查各电源是否正常。

1）先关闭实验箱的所有电源开关，然后用随箱的三芯电源线接通实验箱的 220V 交流电源。

2）开启实验箱上的电源总开关（置开端），电源指示灯亮。

3）开启两组直流电源开关 DC（置开端），则与 ±5V 和 ±15V 相对应的四只 LED 发光二极管点亮。

4）打开 +5V 电源，此时与连续脉冲信号输出口相接的 LED 发光二极管点亮，并输出连续脉冲信号。单次脉冲源部分的“绿”发光二极管点亮。按下按键，则“绿”灭，“红”亮。至此，表明实验箱的电源及信号输出均属正常，可以进入实验。

（2）接线前务必熟悉实验板上各组件、元器件的功能及其接线位置，特别要熟知集成块插脚引线的排列方式及接线位置。

（3）实验接线前必须先断开总电源与各分电源开关，严禁带电接线。

（4）接线完毕，检查无误后，再插入相应的集成电路芯片后方可通电。只有在断电后方可拔下集成芯片，严禁带电插拔集成芯片。

（5）实验始终板上要保持整洁，不可随意放置杂物，特别是导电的工具和导线等，以免发生短路等故障。

（6）本实验箱上的各挡直流电源及脉冲信号源在设计时仅供实验使用，一般不外接其他负载或电路。如作他用，则要注意使用的负载不能超过本电源的使用范围。

（7）实验板上标有 +5V 处，是指实验时须用导线将 +5V 的直流电源引入该处，是电源 +5V 的输入插口。

（8）实验完毕，及时关闭各电源开关（置关端），并及时清理实验板面，整理好连接导线并放置规定的位置。

（9）实验时需用到外部交流供电的仪器，如示波器等。这些仪器的外壳应妥当接地。

（10）实验中需了解集成电路芯片的引脚功能及其排列方式时，可查阅实验指导书的附录部分。

4. 违规操作及维修

（1）−15V 电源接至译码器的输入口 A、B、C、D 会损坏 CD4511 芯片，更换后正常。

（3）−15V 电源接至脉冲源及单次脉冲的输出口会损坏 CD4050 芯片，更换后正常。

（3）−15V 和 +5V 电源短接会损坏报警电路芯片 74LS00，更换后正常。

（4）+15V 电源接至三态逻辑输入口长时间将损坏芯片 339，更换后正常。

4－8　DGX－1 型电工技术实验装置使用说明

本装置主要由电源控制屏、实验桌、5 个基本实验组件挂箱及选购实验挂件等组成，如图 4－36 所示。

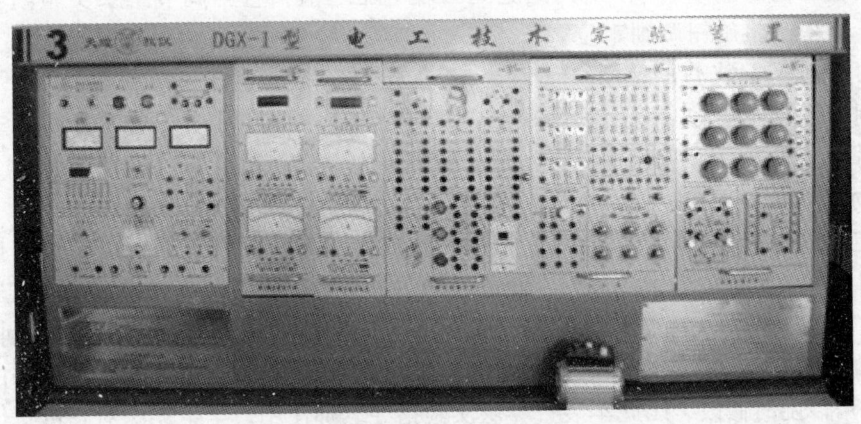

图 4－36　DGX－1 型电工技术实验装置

一、DG01 电源控制屏操作使用说明

电源控制屏为实验提供：三相 0～450V 可调交流电源，同时得到实验所需 0～250V 可调交流电源等，电源控制屏如图 4－37 所示。

1. 电源控制屏的启动

（1）控制屏的左后侧有一根输入电源线，将该线一端的插头输入三相 380V 交流电源插座上。

（2）将三相自耦变压器的旋转手柄（控制屏左侧面），按逆时针方向旋至零位。

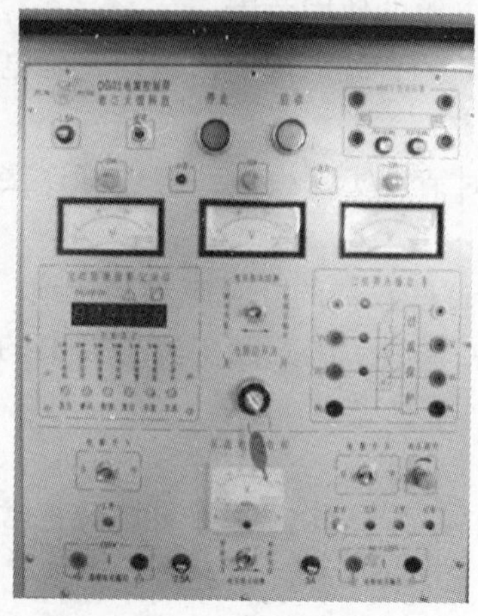

图 4-37　电源控制屏

（3）将电压表指针切换开关置于左侧（三相电网电压）。

（4）开启钥匙式三相电源总开关，此时红色按钮灯亮（即按钮“关”的红色灯亮），三只电压表指示出三相电网电压之值。

（5）按下“启动”按钮，红色灯灭，绿色灯亮，同时可听到屏幕后交流接触器的瞬间吸合电源变压器发出的 50Hz 交流“嗡嗡”声。还可看到三相可调交流电源的输出处 3 只黄、绿、红发光管亮，表明三相隔离变压器给三相自耦调压器供电，三相交流 380V 电源正常。

至此，控制屏右侧面两处单相三芯 220V 电源插座、控制屏正面挂件箱五处四芯 33V 电源插座，控制屏正面挂件箱处凹槽部六处单相三芯 220V 小圆形插座、左侧面单项二芯 220V 电源插座及三相四芯 380V 交流电源插座，均有电源输出。电源控制屏启动完毕。

2. 三相可调交流电源输出电压的调节

（1）将“指示切换”开关置于右侧（三相可调电压），三只电压表指针回到零位。

（2）按顺时针方向缓缓旋动三相自耦调压器的调节旋钮，三只电压表随之偏转，即指示三相可调电压输出端 U、V、W 两两之间的线电压之值，直至调节到某实验内容所需的电压值。实验完毕，将旋钮调到零位。

3. 照明、实验日光灯的使用

本控制屏设有照明和实验用的两根 40W 日光灯管，照明用的日光灯由面板上的照明开关控制，另一只日光灯管的四个引脚已独立引到屏上，以供日光灯实验使用。

4. 定时兼报警记录仪

（1）定时器与报警记录仪是专门为学生实验成绩的考核而设置。可以设置与控制每次实验所需时间，记录实验中由于操作不当而造成的故障报警次数（包括强电输出及实验过程中的漏电告警次数，电压表、电流表超量程报警次数，过电流保护次数）。平时作为时钟使用。

（2）数据的设定与修改以及记录数据的清除必须在输入密码之后进行，密码由实验指导老师掌握并可以随时修改，因此本装置专供实验指导老师使用，学生无法对它进行任何修改。

（3）运行提示：当时钟走到定时报警值时，机内的蜂鸣器将发出断续的鸣叫声，在持续 1min 后自动停止，再延时 4min 后，发出信号，使交流控制屏内的接触器跳闸，切断电源，若按复位键重新启动，仪器将鸣叫 1min 并延时 4min 后，切断电源，同时定时值将逐次增加 5min。

5. 停止操作

实验完毕，按下“停止”按钮，绿色指示灯灭，红色指示灯亮，然后关闭三相电源钥匙，红色指示灯灭，最后再检查一下各开关是否都恢复到“关”的位置，三相调压器是否在零位。

6. 熔断器保护装置

三相电源主电路中设有 10A 带灯熔断器，熔断器指示灯亮，表明缺相，要及时更换熔丝管，同时要检查一下故障所在：三相可调交流电源输出处设有过电流保护装置，当电流超过 3.5A 时，系统自动跳闸报警，此时将调压器逆时针旋转到最小判断故障位置；若在长时间运行时，输出电流不得超过 2A，实际上实验也无此必要，否则会损坏三相自耦调压器；控制回路（接触器控制回路，日光灯照明电路，控制屏内外漏电保护装置供电电路，信号插座供电电路及屏右侧面单相三芯插座供电等）设有 1.5A 熔断器，如控制回路失灵，检查熔丝管是否完好及故障所在。

二、DG02 实验桌的使用

桌面用于安装电源控制屏，设有两个抽屉用于放置工具，下面设有柜门用于存放部件，实验桌下方设有四个轮子及四个调节机构，便于移动与固定，方便实验室重新布局与调整，如图 4－36 所示。

三、基本实验组件挂箱的使用

1. 无源挂箱的使用

本装置现有挂箱 DG08、DG09、D61 三个无源挂箱。它们的共同点是没有外拖电源线，可直接挂件在控制屏的两根 $\phi30$ 不锈钢管上，并可沿钢管左右移动。

（1）DG08 三相电路、变压器、互感器、电能表实验。如图 4－38 所示，三相负载电路，各相电路均独立连接，各相均设有 220V 白炽灯螺口灯座、开关及电流取样插座各若干个；铁心变压器 1 只，变比为 36V/22V；220V、0.23A、50Hz 单相电能表 1 只，电源、负载线均接到接线架正面的空心接线柱上，实验接线方便；互感电路实验部件包括线圈 L1、线圈 L2、固定实验架、2 根导磁铁棒（大、小各 1 根）及非导磁铝棒 1 根。

（2）DG09 元件组。如图 4－39 所示，由十进制可变电阻器（阻值 0～99 999.9Ω）、启辉器插座、镇流器、短接按钮、电流取样插座、电容组、二极管、稳压管、LED 发光二极管、电位器及钮子开关组成。

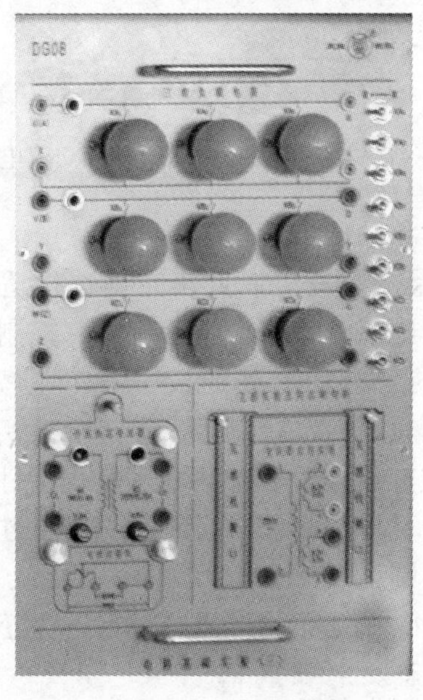

图 4－38　DG08 无源挂箱

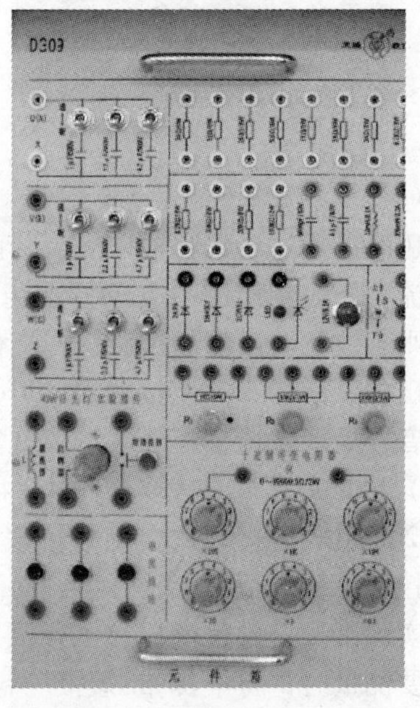

图 4－39　DG09 无源挂箱

（3）D61 元件组。如图 4－40 所示，由变比为 220V/6.3V（26V）的变压器 1 只、当相桥式整流实验单元、3 只 CJX4 系列交流接触器、热继电器、按钮 2 个（配有指示灯接线端子）、JS14S 系列时间继电器 1 只组成。

以上各个无源实验挂箱的面板上均已画出了实验线路图及元件示意符号及其量值，具体使用请查阅实验指导书。

2. 有源实验组件挂箱的使用

有源实验组件挂箱的共同点是都需要外接交流电源，因此都有一根外拖的电源线。现有挂件 D32、D33 为有源实验组件挂箱。

（1）D33 交流电压表。如图 4－41 所示，由 1 只数字式交流电压表和 2 只多量程指针式交流电压表组成。指针式交流电压表设置五个量程（10V、30V、100V、300V、500V），并通过琴键开关进行切换；数字式交流电压表的测量范围为 0～450V。

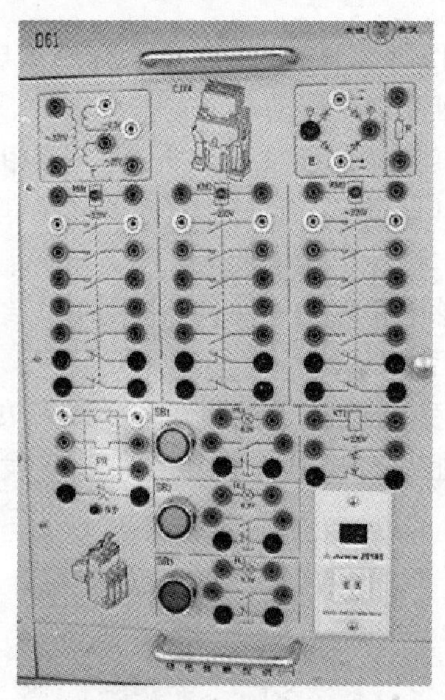

图 4－40　D61 无源挂箱

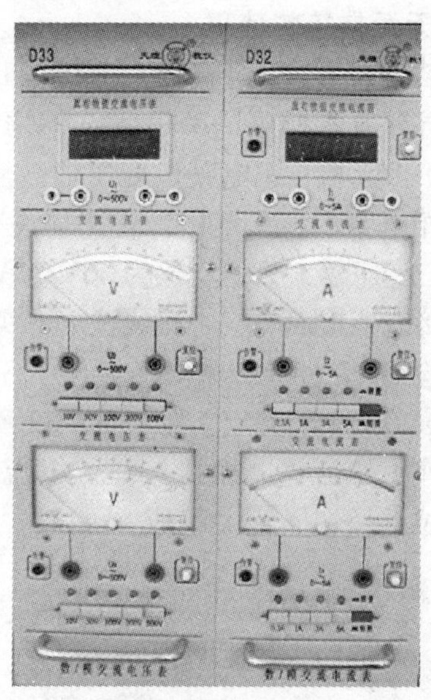

图 4－41　D33 交流电压表、D32 交流电流表

使用时，通过导线将输入＋、－两端并接到被测对象的两端。

交流电压表在使用中应该特别注意预先估算被测量的量程，以此来正确选择适当的量程，否则若被测电压值超过所选择挡位量程的极限值，则该仪表告警指示灯亮，控制屏内蜂鸣器发出告警信号，并使接触器跳开。该超量程仪表的“复位”按钮按一下，蜂鸣器停止发出声音，重新选择量程或测量值恢复正常后，还必须重新启动控制屏，才能继续实验。

（2）D32 交流电流表。如图 4－41 所示，由数字式交流电流表 1 只和多量程指针式交流电流表 2 只组成。指针式交流电流表设置四个量程（0.3A、1A、3A、5A），并通过琴键开关及外接接线柱进行切换；数字式交流电压表的测量范围为 0～5A。

在实验接线、量程换挡及不需要指示测量值时，将“测量/短接”键处于“短接”状态；需要测量时，将“测量/短接”键处于“测量”状态。

若测量电流小于 0.3A，选择“0.3A”；若测量电流大于 0.3A 小于 1A，则选择“1A”；若测量电流大于 1A 小于 3A，则选择“3A”；若测量电流大于 3A 小于 5A，则选择“5A”。

若被测量值超过仪表该量程的量限，则该表告警指示灯亮，控制屏内蜂鸣器发出告警信号，并使接触器跳开。该超量程仪表的“复位”按钮按一下，蜂鸣器停止发出声音，重新选择量程或测量值恢复正常后，还必须重新启动控制屏，才能继续实验。

四、电源控制屏的安全保护系统

（1）电源进线端设有一组10A三相四线电源保护开关，对人身安全起到一定程度的保障作用。

（2）控制屏设有三相隔离变压器三只，使实验强电输出与电网隔离开，对人身安全起到一定程度的保障作用。

（3）控制屏设有内漏电保护装置，当控制屏内有漏电现象，电压超过规定值时，保护系统立即动作，接触器释放跳闸，使隔离变压器前的线路有漏电现象，即切断总电源，以确保用电的安全。带漏电故障排除后，才可重新启动控制屏。

（4）控制屏设有外漏电保护装置，当三相隔离变压器至三相自耦调压器的线路、三相自耦调压器输出线路及实验过程中连线有漏电现象，电压超过规定值时，保护系统立即动作，同时蜂鸣器发出告警信号，控制屏正面左上方告警指示灯亮，接触器释放跳闸，切断总电源，以确保用电的安全，带漏电故障排除后，按动控制屏正面左上方复位按钮，此时告警指示灯灭，蜂鸣器停止发出告警信号，可重新启动控制屏。

（5）三相调压输出设有过电流保护装置，当相与相短路或相与线间的电流超过3.5A时，保护体系立即动作，同时蜂鸣器发出告警信号，控制屏正面左上方告警指示灯亮，接触器跳闸切断总电源。故障排除后，按动控制屏右上方复位按钮，告警指示灯灭，告警信号停止，才可重新启动控制屏继续实验。

五、装置的保养维护

（1）装置应放置平稳，平时应注意清洁，不用时最好加盖保护布或塑料布。

（2）使用前应检查输入电源线是否完好，屏上开关是否置于“关”位，调压器是否“零”位。

（3）使用中，对个旋钮进行调节时，动作要轻，用力切忌过度，以防旋钮开关等损坏。

（4）如遇各有源挂箱不工作时，应关闭该箱电源，检查各熔断器是否完好。

（5）更换挂箱前，应关闭控制屏电源。挂箱时动作要轻，防止强烈碰撞，切忌带点插拔挂箱的电源插头。

（6）不用时的挂箱应分类整齐地放置在实验桌里面的柜里。

附录 实验考核表

姓名： 班级： 学号： 年 月 日

<table>
<tr><td colspan="11">实验 2 –1 直流网络定理的验证</td></tr>
<tr><td>预习思考</td><td colspan="10">1. 计算图 2 –1 所示的电路中的电流 I_1、I_2、I_3。

2. 计算图 2 –4 所示的电路 A、B 两节点间的开路 U_{OC}和短路电流 I_{SC}。

3. 使用万用表测量电流时应当将电流表怎样接入电路中？测量电压和电阻时操作上应注意哪些问题？若将电流表错当成电压表来用，可能产生什么后果？</td></tr>
<tr><td rowspan="20">实验结果</td><td rowspan="4">基尔霍夫定律</td><td>物理量</td><td>E_1/V</td><td>E_2/V</td><td>U_{R1}/V</td><td>U_{R2}/V</td><td>U_{R3}/V</td><td>I_1/mA</td><td>I_2/mA</td><td>I_3/mA</td></tr>
<tr><td>计算值</td><td></td><td></td><td></td><td></td><td></td><td></td><td></td><td></td></tr>
<tr><td>测量值</td><td></td><td></td><td></td><td></td><td></td><td></td><td></td><td></td></tr>
<tr><td>误差</td><td></td><td></td><td></td><td></td><td></td><td></td><td></td><td></td></tr>
<tr><td rowspan="6">叠加原理</td><td>物理量</td><td colspan="3">I_1/mA</td><td colspan="3">I_2/mA</td><td colspan="2">I_3/mA</td></tr>
<tr><td>E_1、E_2共同作用</td><td colspan="3"></td><td colspan="3"></td><td colspan="2"></td></tr>
<tr><td>E_1单独作用</td><td colspan="3"></td><td colspan="3"></td><td colspan="2"></td></tr>
<tr><td>E_2单独作用</td><td colspan="3"></td><td colspan="3"></td><td colspan="2"></td></tr>
<tr><td>电流代数和</td><td colspan="3"></td><td colspan="3"></td><td colspan="2"></td></tr>
<tr><td>误差</td><td colspan="3"></td><td colspan="3"></td><td colspan="2"></td></tr>
<tr><td rowspan="4">戴维宁定理</td><td>物理量</td><td colspan="3">U_{OC}/V</td><td colspan="3">R_0/Ω</td><td colspan="2">I_3/mA</td></tr>
<tr><td>测量值</td><td colspan="3"></td><td colspan="3"></td><td>$\frac{U_{OC}}{R_0+R_3}$</td><td></td></tr>
<tr><td>理论值</td><td colspan="3"></td><td colspan="3"></td><td colspan="2"></td></tr>
<tr><td>误差</td><td colspan="3"></td><td colspan="3"></td><td colspan="2"></td></tr>
<tr><td rowspan="4">诺顿定理</td><td>物理量</td><td colspan="3">I_{SC}/mA</td><td colspan="3">R_0/Ω</td><td colspan="2">I_3/mA</td></tr>
<tr><td>测量值</td><td colspan="3"></td><td colspan="3"></td><td>$I_{SC}\times\frac{R_0}{R_0+R_3}$</td><td></td></tr>
<tr><td>理论值</td><td colspan="3"></td><td colspan="3"></td><td colspan="2"></td></tr>
<tr><td>误差</td><td colspan="3"></td><td colspan="3"></td><td colspan="2"></td></tr>
</table>

实验总结

1. 比较测量值与理论值，分析总结误差产生的原因。

2. 根据测量数据，选择一个节点、一个回路、一条支路验证基尔霍夫定律、叠加原理的正确性。

预习：	优	良	中	及格	不及格	指导教师：
实验：	优	良	中	及格	不及格	
总成绩：	优	良	中	及格	不及格	

姓名：　　　　　　　　　　班级：　　　　　　　　　　学号：　　　　　　　　年　月　日

实验 2－2　串联谐振

预习思考

1. 图 2－8 所示的电路 $R=220\Omega$、$C=0.25\mu F$、$L=0.83mH$，在线圈电阻忽略的情况下计算电路的谐振频率 f_0 和品质因数 Q，如果 $R=10\Omega$，品质因数将怎样变化？

2. Q 是反映谐振电路性质的一个重要指标，Q 值大小与哪些参数有关？电阻 R 增加或减小，Q 值将怎么变化？

3. 在理想情况下串联谐振时，$X_L=X_C$，输入端电压 $U_i=U_R$，所谓的理想情况指什么？

实验结果

谐振电压

U_R	U_L	U_C	f_0

电流频率特性测试

频率 f/Hz	U_R/V		$I=U_R/R$/mA	
	$R=220/\!/10\Omega$	$R=51\Omega$	$R=220/\!/10\Omega$	$R=51\Omega$
f_0				

实验曲线	电流频率特性曲线	I/mA （坐标网格） f/Hz

实验总结

1. 总结分析 RLC 串联电路的谐振状态的特点。

2. 总结分析 RLC 串联交流电路的电流频率特性。

预习：	优	良	中	及格	不及格	指导教师：
实验：	优	良	中	及格	不及格	
总成绩：	优	良	中	及格	不及格	

姓名：　　　　　　　　班级：　　　　　　　　学号：　　　　　　　　年　月　日

实验 2－3　电阻、电容移相电路

预习思考

1. 阻容移相的含义是什么？

2. 电阻或电容做输出元件时，移相角计算公式相同吗？为什么？

实验结果

φ 随电阻变化 — 电阻输出

$U_o = U_R$、$f = 1000\text{Hz}$、$U_i = 2\text{V}$ 保持不变

R	U_o	U_C	$\varphi = \arctan U_C/U_o$	输出相量 $\dot{U}_o$ 末端的轨迹
51Ω				
220Ω				
330Ω				
510Ω				
10kΩ				

φ 随电阻变化 — 电容输出

$U_o = U_C$、$f = 1000\text{Hz}$、$U_i = 2\text{V}$ 保持不变

R	U_o	U_R	$\varphi = -\arctan U_R/U_o$	输出相量 $\dot{U}_o$ 末端的轨迹
51Ω				
220Ω				
330Ω				
510Ω				
10kΩ				

φ 随频率变化

$U_o = U_R$，保持 $U_i = 2\text{V}$、$R = 510\Omega$、$C = 0.25\mu\text{F}$ 不变

f	U_R	U_C	输出相量 $\dot{U}_o$ 末端的轨迹
1kHz			
2kHz			
3kHz			
4kHz			
5kHz			

实验总结

1. 总结电阻做输出端时，移相角 φ 随电阻变化的情况。

2. 总结电容做输出端时，移相角 φ 随电阻变化的情况。

3. 总结电阻做输出端时，移相角 φ 随频率变化的情况。

预习：	优	良	中	及格	不及格	指导教师：
实验：	优	良	中	及格	不及格	
总成绩：	优	良	中	及格	不及格	

姓名：　　　　班级：　　　　学号：　　　　年　月　日

实验 2－4　日光灯电路及功率因数的提高

预习思考

1. 日光灯电路由哪些元件组成？各组成元件有什么作用？

2. 在 RL 串联与 C 并联的电路中，如何计算功率因数 $\cos\varphi$ 的值？

实验结果

测量数据

	电容值	U	U_R	U_L	I	I_{RL}	I_C	P	$\cos\varphi$	φ
未并联电容	$C=0\mu F$									
并联电容	$C=1\mu F$									
	$C=2.2\mu F$									
	$C=3.2\mu F$									

实验总结

1. 总结分析 $\dot{U}$、$\dot{U}_R$、$\dot{U}_L$、$\dot{I}$、$\dot{I}_C$、$\dot{I}_{RL}$之间的关系。

2. 根据实验结果，说明哪些量随着并联电容数值的改变而改变，如何改变，哪些量基本不变。

3. 列举出实验中遇到的问题及其解决方法。

预习：	优	良	中	及格	不及格	指导教师：
实验：	优	良	中	及格	不及格	
总成绩：	优	良	中	及格	不及格	

姓名: 班级: 学号: 年 月 日

实验 2－5 三相交流电路

预习思考

1. 三相交流电路负载的连接方式？各连接方式线电压与相电压，线电流与相电流的关系？

2. 三相星形联结对称负载在无中线的情况下，当某相负载开路或短路会出现什么情况？

实验结果

线电压	U_{AB}	U_{BC}	U_{CA}

星形联结	物理量	单位	对称负载	不对称负载
有中线		U_A/V		
		U_B/V		
		U_C/V		
		I_A/A		
		I_B/V		
		I_C/A		
		I_N/A		
无中线		U_A/V		
		U_B/V		
		U_C/V		
		I_A/V		
		I_B/A		
		I_C/A		

三角形联结	线电流/A			相电流/A		
	I_A	I_B	I_C	I_{AB}	I_{BC}	I_{CA}

实验总结

1. 电源实测电压是否对称，分析原因。

2. 说明负载作星形联结时中性线的作用，在什么情况下必须有中性线，在什么情况下不用中性线。

3. 简述对称负载三角形联结时，当某相负载出现短路故障时，对各相负载有何影响。

预习：	优	良	中	及格	不及格	指导教师：
实验：	优	良	中	及格	不及格	
总成绩：	优	良	中	及格	不及格	

姓名：　　　　　　　　班级：　　　　　　　　学号：　　　　　　年　月　日

<table>
<tr><td colspan="3">实验2－6　三相异步电动机的直接起动</td></tr>
<tr><td>预习思考</td><td colspan="2">1. 三相异步电动机的起动方式有哪些？每种起动方式有什么特点？

2. 什么叫“自锁”？“自锁”有哪些作用？如何实现“自锁”？</td></tr>
<tr><td rowspan="2">实验结果</td><td>点动控制电气原理图</td><td>自锁正转控制电气原理图</td></tr>
<tr><td></td><td></td></tr>
</table>

实验总结

1. 简述三相异步电动机点动控制电路工作原理。

2. 简述三相异步电动机自锁正转控制电路工作原理。

3. 列举实验中遇到的问题及其解决办法。

预习：	优	良	中	及格	不及格	指导教师：
实验：	优	良	中	及格	不及格	
总成绩：	优	良	中	及格	不及格	

姓名：　　　　　　　　班级：　　　　　　　　学号：　　　　　　　　年　月　日

<table>
<tr><td colspan="2">实验 2 - 7　三相异步电动机的正反转控制</td></tr>
<tr><td>预
习
思
考</td><td>1. 什么叫三相异步电动机的电气互锁和机械互锁？

2. 热继电器至少应有几个发热元件串接在主电路中？为什么？</td></tr>
<tr><td rowspan="2">实
验
结
果</td><td>电动机正反转（电气互锁）控制电气原理图</td></tr>
<tr><td></td></tr>
</table>

实验总结

1. 简述电动机正反转（电气互锁）控制电路的工作原理。

2. 电气互锁时，正转接触器和反转接触器为什么不能同时工作？

3. 列举实验中遇到的问题及其解决办法。

预习：	优	良	中	及格	不及格	指导教师：
实验：	优	良	中	及格	不及格	
总成绩：	优	良	中	及格	不及格	

姓名:　　　　　　　　班级:　　　　　　　　学号:　　　　　　　　年　月　日

<table>
<tr><td colspan="2">实验 2 –8　三相异步电动机星—三角降压起动</td></tr>
<tr><td>预习思考</td><td>1. 画出电动机端盖星—三角联结的线路图。

2. 简述时间继电器的工作原理。</td></tr>
<tr><td rowspan="2">实验结果</td><td>电动机星—三角降压起动电气原理图</td></tr>
<tr><td></td></tr>
</table>

实验总结

1. 简述电动机星—三角降压起动的工作原理。

2. 热继电器和熔断丝各起什么保护作用？能相互替代吗？

3. 在实验电路中，时间继电器设定的延时过长或过短会有什么影响？

预习：	优	良	中	及格	不及格	指导教师：
实验：	优	良	中	及格	不及格	
总成绩：	优	良	中	及格	不及格	

姓名：　　　　　　　　班级：　　　　　　　　学号：　　　　　　　年　月　日

实验3-1　二极管的检测与应用

预习思考

1. 如果二极管正向电流与反向电流大小近似，产生该现象的原因有哪些？

2. 图3-4所示电路中，当 $V_A = +5V$，$V_B = 4.8V$ 时Y的电位将如何，为什么？

实验结果

稳压管	输出电压	反向串联［图3-3（a）］	同向并联［图3-3（b）］
	U_O		

嵌位电路	V_A/V	V_B/V	V_Y/V	VD_A状态	VD_B状态	作用
	+5	+1.5				
	1.5	+5				
	+5	+4.8				

削波电路

图3-5（a）输入	图3-5（a）输出

扫描时间挡位：

衰减幅度挡位：

峰-峰值：

图3-5（b）输入	图3-5（b）输出

扫描时间挡位：

衰减幅度挡位：

峰-峰值：

实验总结

1. 二极管检测的总结

2. 二极管嵌位电路的测量总结

3. 二极管削波电路的测量总结

预习：	优	良	中	及格	不及格	指导教师：
实验：	优	良	中	及格	不及格	
总成绩：	优	良	中	及格	不及格	

姓名：　　　　　　　　班级：　　　　　　　　学号：　　　　　　年　月　日

实验3-2　整流、滤波与稳压电路

<table>
<tr><td>预习思考</td><td colspan="4">1. 桥式整流电路与单相半波整流电路相比有哪些优点？

2. 稳压二极管在稳压电路中是如何稳压的？</td></tr>
<tr><td rowspan="6">实验结果</td><td rowspan="4">单相桥式整流电路</td><td>输入电压 U_i</td><td>输入电压 u_i的波形</td><td rowspan="2">扫描时间挡位：
衰减幅度挡位：
峰-峰值</td></tr>
<tr><td></td><td></td></tr>
<tr><td>输出电压 U_o</td><td>输出电压 u_o的波形</td><td rowspan="2">扫描时间挡位：
衰减幅度挡位：
峰-峰值</td></tr>
<tr><td></td><td></td></tr>
<tr><td rowspan="2">电容滤波电路</td><td>输出电压 U_o</td><td>输出电压 u_o的波形</td><td rowspan="2">扫描时间挡位：
衰减幅度挡位：</td></tr>
<tr><td></td><td></td></tr>
</table>

<table>
<tr><td rowspan="6">实验结果</td><td rowspan="4">稳压二极管电路</td><td>输出电压 U_o</td><td>输出电压 u_o 的波形</td><td rowspan="2">扫描时间挡位：
衰减幅度挡位：</td></tr>
<tr><td>$R_L = 2k\Omega$</td><td></td></tr>
<tr><td>输出电压 U_o</td><td>输出电压 u_o 的波形</td><td rowspan="2">扫描时间挡位：
衰减幅度挡位：</td></tr>
<tr><td>$R_L = 3k\Omega$</td><td></td></tr>
<tr><td rowspan="2">集成稳压器</td><td>输出电压 U_o</td><td>输出电压 u_o 的波形</td><td rowspan="2">扫描时间挡位：
衰减幅度挡位：</td></tr>
<tr><td></td><td></td></tr>
</table>

实验总结

1. 在桥式整流电路中，如果有一只二极管开路，会出现什么情况？如果有一只二极管短路，又会出现什么情况？

2. 滤波电路中，如果电容器太小会对输出电压有什么影响？

<table>
<tr><td>预习：</td><td>优</td><td>良</td><td>中</td><td>及格</td><td>不及格</td><td rowspan="3">指导教师：</td></tr>
<tr><td>实验：</td><td>优</td><td>良</td><td>中</td><td>及格</td><td>不及格</td></tr>
<tr><td>总成绩：</td><td>优</td><td>良</td><td>中</td><td>及格</td><td>不及格</td></tr>
</table>

姓名:　　　　班级:　　　　学号:　　　　年　月　日

实验 3-3　单管低频电压放大电路

预习思考

1. 测量静态工作点时需要测量哪些量，如何计算它们?

2. 计算图 3-18 所示电路空载时的电压放大倍数?

实验结果

静态工作点的测量

	测量值				计算值	
R_W	I_C/mA	V_B/V	V_E/V	V_C/V	U_{BE}/V	U_{CE}/V
某值	0.5					
增大	0.1					
减小	0.9					

测量电压放大倍数

	输入电压 u_i 波形		输出电压 u_i 波形
空载 (R_L为∞)			
	U_i/mV	U_o/mV	$A_u = U_o/U_i$
负载 R_L 为 2kΩ	输入电压 u_i 波形		输出电压 u_i 波形
	U_i/mV	U_o/mV	$A_u = U_o/U_i$

<table>
<tr><td rowspan="3">实验结果</td><td rowspan="3">静态工作点对输出波形的影响</td><td>R_W</td><td>电压</td><td>电压波形</td><td>失真类型</td></tr>
<tr><td>增大
（顺时针）</td><td>U_{CE} =</td><td></td><td></td></tr>
<tr><td>减小
（逆时针）</td><td>U_{CE} =</td><td></td><td></td></tr>
</table>

实验总结

1. 简述负载电阻对电压放大倍数的影响。

2. 简述放大电路中的电容 C_1、C_2 和 C_E 在电路中的作用。

<table>
<tr><td>预习：</td><td>优</td><td>良</td><td>中</td><td>及格</td><td>不及格</td><td rowspan="3">指导教师：</td></tr>
<tr><td>实验：</td><td>优</td><td>良</td><td>中</td><td>及格</td><td>不及格</td></tr>
<tr><td>总成绩：</td><td>优</td><td>良</td><td>中</td><td>及格</td><td>不及格</td></tr>
</table>

姓名：　　　　　　班级：　　　　　　学号：　　　　　　年　月　日

实验 3－4　集成运算放大器的基本运算电路

预习思考

1. 写出反相比例、同相比例、反相加法和减法运算输出电压的计算公式。

2. 集成运算放大器 LM324 有几个运算放大器组成？第几管脚是电源端？接几伏电源？

实验结果

反相比例	直流输入电压 u_I/V		0.1	0.2	0.3	0.4	0.5
	输出电压 u_O/V	理论值					
		测量值					
	误差						
同相比例	直流输入电压 u_I/V		0.1	0.2	0.3	0.4	0.5
	输出电压 u_O/V	理论值					
		测量值					
	误差						
反相加法	输入电压/V	u_{I1}	0.1	−0.3	0.5	0.6	0.8
		u_{I2}	0.2	0.4	0.5	−0.7	0.9
	输出电压 u_O/V	理论值					
		测量值					
	误差						
减法运算	输入电压/V	u_{I1}	0.1	−0.3	0.5	0.6	0.8
		u_{I2}	0.2	0.4	0.5	−0.7	0.9
	输出电压 u_O/V	理论值					
		测量值					
	误差						

<table>
<tr><td rowspan="2">实验结果</td><td rowspan="2">积分运算</td><td>输入 u_I</td><td rowspan="2">扫描时间挡位：
电压衰减挡位：
探头开关：
反向饱和电压 $-U_{(sat)}$：
达到 $-U_{(sat)}$ 所需时间：</td></tr>
<tr><td>输出 u_O</td></tr>
</table>

实验总结

1. 算术运算电路总结。

2. 积分电路总结。

预习：	优	良	中	及格	不及格	指导教师：
实验：	优	良	中	及格	不及格	
总成绩：	优	良	中	及格	不及格	

姓名： 班级： 学号： 年 月 日

实验 3－5 晶闸管可控整流电路

预习思考	
	1. 晶闸管导通、关断的条件是什么？
	2. 晶闸管可控整流电路由哪几部分组成？每一部分的核心元件是什么？

实验结果

简易测试

单结晶体管

R_{EB1}/Ω	R_{EB2}/Ω	$R_{B1E}/k\Omega$	$R_{B2E}/k\Omega$

结论：

晶闸管

$R_{AK}/k\Omega$	$R_{KA}/k\Omega$	$R_{AG}/k\Omega$	$R_{GA}/k\Omega$	$R_{GK}/k\Omega$	$R_{KG}/k\Omega$

结论：

晶闸管可控整流电路 — 触发信号测试

u_2	u_I
u_W	u_E
u_{B1}	扫描时间挡位： 电压衰减挡位： u_{B1}移相范围：

<table>
<tr><td>实验结果</td><td>晶闸管可控整流电路</td><td>可控整流电路</td><td>u_L</td><td>扫描时间挡位：

电压衰减挡位：

控制角 α：</td></tr>
</table>

实验总结

1. 总结晶闸管导通、关断的基本条件。

2. 画出实验中记录的波形（注意各波形间对应关系），并说明理论依据。

3. 总结顺时针或逆时针调整电位器 R_W 时控制角 α 变化和 u_L 的波形变化情况。

预习：	优	良	中	及格	不及格	指导教师：
实验：	优	良	中	及格	不及格	
总成绩：	优	良	中	及格	不及格	

姓名：　　　　　　　班级：　　　　　　　学号：　　　　　　　年　月　日

实验 3 – 6　集成门电路与组合逻辑电路

预习思考

1. CT4000（74LS00）、CT4020（74LS20）和 CT4086（74LS86）各自由几个门电路组成，每个门有几个输入端，几号管脚是电源端和地端？

2. TTL 与非门多余的输入端应如何处理？

实验结果

	输入 A	输入 B	输出 Y
与非门	0	0	
	0	1	
	1	0	
	1	1	
异或门	0	0	
	0	1	
	1	0	
	1	1	

三人表决电路	输入 A	输入 B	输入 C	输出 Y
	0	0	0	
	0	0	1	
	0	1	0	
	0	1	1	
	1	0	0	
	1	0	1	
	1	1	0	
	1	1	1	

		加数	低位进位	本位和	输出	
		A_i	B_i	C_{i-1}	S_i	C_i
实验结果	全加器电路	0	0	0		
		0	0	1		
		0	1	0		
		0	1	1		
		1	0	0		
		1	0	1		
		1	1	0		
		1	1	1		

实验总结

1. 叙述三人表决电路设计方法，分析总结测试结果。

2. 叙述全加器电路设计方法，分析总结测试结果。

预习：	优	良	中	及格	不及格	指导教师：
实验：	优	良	中	及格	不及格	
总成绩：	优	良	中	及格	不及格	

姓名：　　　　　　　　　　班级：　　　　　　　　　　学号：　　　　　　　　　年　月　日

实验 3 –7　计数、译码、显示电路

预习思考

1. 计数器按数制分类可分为哪几种？按数值递增和递减分类可分为哪几种？

2. 在计数器 74LS192 清零、置数、加计数、减计数时，要求 CR 端、$\overline{LD}$端、CP_U 端、CP_D 端各为何电平？

实验结果

<table>
<tr><td rowspan="14">计数器功能测试</td><td rowspan="4">清除与置数</td><td colspan="8">输　入</td><td colspan="4">输　出</td></tr>
<tr><td>CR</td><td>$\overline{LD}$</td><td>CP_U</td><td>CP_D</td><td>D_3</td><td>D_2</td><td>D_1</td><td>D_0</td><td>Q_3</td><td>Q_2</td><td>Q_1</td><td>Q_0</td></tr>
<tr><td>1</td><td>×</td><td>×</td><td>×</td><td>×</td><td>×</td><td>×</td><td>×</td><td></td><td></td><td></td><td></td></tr>
<tr><td>0</td><td>0</td><td>×</td><td>×</td><td>1</td><td>0</td><td>0</td><td>1</td><td></td><td></td><td></td><td></td></tr>
<tr><td rowspan="5">加计数</td><td colspan="2">输入脉冲数</td><td>0</td><td>1</td><td>2</td><td>3</td><td>4</td><td>5</td><td>6</td><td>7</td><td>8</td><td>9</td></tr>
<tr><td rowspan="4">输出</td><td>Q_3</td><td>0</td><td></td><td></td><td></td><td></td><td></td><td></td><td></td><td></td><td></td></tr>
<tr><td>Q_2</td><td>0</td><td></td><td></td><td></td><td></td><td></td><td></td><td></td><td></td><td></td></tr>
<tr><td>Q_1</td><td>0</td><td></td><td></td><td></td><td></td><td></td><td></td><td></td><td></td><td></td></tr>
<tr><td>Q_0</td><td>0</td><td></td><td></td><td></td><td></td><td></td><td></td><td></td><td></td><td></td></tr>
<tr><td rowspan="5">减计数</td><td colspan="2">输入脉冲数</td><td>0</td><td>1</td><td>2</td><td>3</td><td>4</td><td>5</td><td>6</td><td>7</td><td>8</td><td>9</td></tr>
<tr><td rowspan="4">输出</td><td>Q_3</td><td>1</td><td></td><td></td><td></td><td></td><td></td><td></td><td></td><td></td><td></td></tr>
<tr><td>Q_2</td><td>0</td><td></td><td></td><td></td><td></td><td></td><td></td><td></td><td></td><td></td></tr>
<tr><td>Q_1</td><td>0</td><td></td><td></td><td></td><td></td><td></td><td></td><td></td><td></td><td></td></tr>
<tr><td>Q_0</td><td>1</td><td></td><td></td><td></td><td></td><td></td><td></td><td></td><td></td><td></td></tr>
</table>

<table>
<tr><td rowspan="14">实验结果</td><td rowspan="14">*七段显示译码器功能测试</td><td rowspan="2">功能</td><td colspan="6">输入</td><td rowspan="2">$\overline{BI}/\overline{RBO}$</td><td colspan="7">输出</td><td rowspan="2">字形</td></tr>
<tr><td>$\overline{LT}$</td><td>$\overline{RBI}$</td><td>D</td><td>C</td><td>B</td><td>A</td><td>Y_a</td><td>Y_b</td><td>Y_c</td><td>Y_d</td><td>Y_e</td><td>Y_f</td><td>Y_g</td></tr>
<tr><td>试灯</td><td>0</td><td>×</td><td>×</td><td>×</td><td>×</td><td>×</td><td>1</td><td></td><td></td><td></td><td></td><td></td><td></td><td></td><td></td></tr>
<tr><td>灭灯</td><td>×</td><td>×</td><td>×</td><td>×</td><td>×</td><td>×</td><td>0</td><td></td><td></td><td></td><td></td><td></td><td></td><td></td><td></td></tr>
<tr><td>灭 0</td><td>1</td><td>0</td><td>0</td><td>0</td><td>0</td><td>0</td><td>0</td><td></td><td></td><td></td><td></td><td></td><td></td><td></td><td></td></tr>
<tr><td>0</td><td>1</td><td>1</td><td>0</td><td>0</td><td>0</td><td>0</td><td>1</td><td></td><td></td><td></td><td></td><td></td><td></td><td></td><td></td></tr>
<tr><td>1</td><td>1</td><td>×</td><td>0</td><td>0</td><td>0</td><td>1</td><td>1</td><td></td><td></td><td></td><td></td><td></td><td></td><td></td><td></td></tr>
<tr><td>2</td><td>1</td><td>×</td><td>0</td><td>0</td><td>1</td><td>0</td><td>1</td><td></td><td></td><td></td><td></td><td></td><td></td><td></td><td></td></tr>
<tr><td>3</td><td>1</td><td>×</td><td>0</td><td>0</td><td>1</td><td>1</td><td>1</td><td></td><td></td><td></td><td></td><td></td><td></td><td></td><td></td></tr>
<tr><td>4</td><td>1</td><td>×</td><td>0</td><td>1</td><td>0</td><td>0</td><td>1</td><td></td><td></td><td></td><td></td><td></td><td></td><td></td><td></td></tr>
<tr><td>5</td><td>1</td><td>×</td><td>0</td><td>1</td><td>0</td><td>1</td><td>1</td><td></td><td></td><td></td><td></td><td></td><td></td><td></td><td></td></tr>
<tr><td>6</td><td>1</td><td>×</td><td>0</td><td>1</td><td>1</td><td>0</td><td>1</td><td></td><td></td><td></td><td></td><td></td><td></td><td></td><td></td></tr>
<tr><td>7</td><td>1</td><td>×</td><td>0</td><td>1</td><td>1</td><td>1</td><td>1</td><td></td><td></td><td></td><td></td><td></td><td></td><td></td><td></td></tr>
<tr><td>8</td><td>1</td><td>×</td><td>1</td><td>0</td><td>0</td><td>0</td><td>1</td><td></td><td></td><td></td><td></td><td></td><td></td><td></td><td></td></tr>
<tr><td></td><td></td><td>9</td><td>1</td><td>×</td><td>1</td><td>0</td><td>0</td><td>1</td><td>1</td><td></td><td></td><td></td><td></td><td></td><td></td><td></td><td></td></tr>
</table>

实验总结

1. 总结 74LS192 清除与置数功能。

2. 总结七段显示译码器试灯、灭灯和灭 0 的功能。

3. 总结实验任务 3 观测到的现象。

<table>
<tr><td>预习：</td><td>优</td><td>良</td><td>中</td><td>及格</td><td>不及格</td><td rowspan="3">指导教师：</td></tr>
<tr><td>实验：</td><td>优</td><td>良</td><td>中</td><td>及格</td><td>不及格</td></tr>
<tr><td>总成绩：</td><td>优</td><td>良</td><td>中</td><td>及格</td><td>不及格</td></tr>
</table>

姓名：　　　　　　　　班级：　　　　　　　　学号：　　　　　　　年　月　日

实验 3－8　编码器、译码器与数据分配、选择电路

预习思考

1. 画出 74LS148 和 74LS138 的逻辑功能示意图。

2. 画出 74LS139 和 74LS153 的逻辑功能示意图。

实验结果

译码器构成全加器

A	B	C	CO	S
0	0	0		
0	0	1		
0	1	0		
0	1	1		
1	0	0		
1	0	1		
1	1	0		
1	1	1		

数据分配真值表

输入			输出			
数据	地址		输出通道			
$\overline{ST}$	A_1	A_0	$\overline{Y}_0$	$\overline{Y}_1$	$\overline{Y}_2$	$\overline{Y}_3$
0	0	0				
1						
0	0	1				
1						
0	1	0				
1						
0	1	1				
1						

实验总结

1. 什么是编码、编码器？什么是译码、译码器？

2. 什么是半加器、全加器？

3. 数据选择器与数据分配器的功能有何不同？

预习：	优	良	中	及格	不及格	指导教师：
实验：	优	良	中	及格	不及格	
总成绩：	优	良	中	及格	不及格	

姓名：　　　　　　　　　　班级：　　　　　　　　　　学号：　　　　　　　　年　月　日

实验 3－9　触发器及其应用

预习思考

1. 74LS00、74LS112 和 74LS74 各自由几个门电路或触发器组成？几号管脚是置位端、复位端、电源端和地端？

2. 触发器的置位端和复位端在什么时候使用，不用时应置什么状态？

实验结果

基本RS触发器

$\overline{R}$	$\overline{S}$	Q	$\overline{Q}$
1	0		
0	1		
0	0		
1	1		

JK触发器

J	K	CP	Q_{n+1}	
			$Q_n=0$	$Q_n=1$
0	0	↑		
		↓		
0	1	↑		
		↓		
1	0	↑		
		↓		
1	1	↑		
		↓		

触发器

D	CP	Q_{n+1}	
		$Q_n=0$	$Q_n=1$
0	↑		
	↓		
1	↑		
	↓		

实验总结

1. 总结基本 RS 触发器的逻辑功能。

2. 总结触发器和 JK 触发器 CP 端触发时刻和置位和复位方法。

3. 总结 D 触发器和 JK 触发器各自能转换成何种触发器，并说明转换方法。

预习：	优	良	中	及格	不及格	指导教师：
实验：	优	良	中	及格	不及格	
总成绩：	优	良	中	及格	不及格	

姓名：　　　　　　　　班级：　　　　　　　　学号：　　　　　　　　年　月　日

实验 3－10　555 定时器及其应用

预习思考

1. 画出 555 定时器的引脚图，说明每个引脚的功能。

2. 写出多谐振荡器的振荡周期。

实验结果

	参　　数	周期 T（ms）理论值	u_C、u_o 波形
参数对振荡周期的影响	$R_1=3\text{k}\Omega$ $R_2=68\text{k}\Omega$ $C=0.1\mu\text{F}$		
	$R_1=68\text{k}\Omega$ $R_2=33\text{k}\Omega$ $C=1\mu\text{F}$		
	$R_1=68\text{k}\Omega$ $R_2=3\text{k}\Omega$ $C=0.1\mu\text{F}$		

	R	C	输出宽度 t_W 理论值（ms）	u_i、u_C、u_o 波形
参数对单稳定输出宽度的影响	3kΩ	1μF		
	3kΩ	2.2μF		

实验结果	单稳态触发器实验波形	

实验总结

1. 多谐振荡器输出矩形波中的高、低电平宽度由哪些参数决定？

2. 单稳态触发器输出脉冲的宽度由哪些参数决定？

预习：	优	良	中	及格	不及格	指导教师：
实验：	优	良	中	及格	不及格	
总成绩：	优	良	中	及格	不及格	

参 考 文 献

[1] 王和平．电工与电子技术实验［M］．3 版．北京：机械工业出版社，2010.

[2] 王英，等．电工技术实验［M］．2 版．成都：西南交通大学出版社，2010.

[3] 姜学勤，等．电工学实验［M］．北京：化学工业出版社，2010.

[4] 秦增煌．电工学［M］．7 版．北京：高等教育出版社，2009.

[5] 雷勇．电工学实验［M］．北京：高等教育出版社，2009.

[6] 熊海涛，等．电工电子实验及实训指导［M］．北京：人民邮电出版社，2008.

[7] 徐云，等．电路实验与测量［M］．北京：清华大学出版社，2008.

[8] 丛吉远，等．电工学实验［M］．大连：大连海事大学出版社，2006.

[9] 唐介．电工学（少学时）［M］．3 版．北京：高等教育出版社，2009.